一个人的修养，看失意时的善良

陶瓷兔子 ——— 著

北京联合出版公司
Beijing United Publishing Co.,Ltd.

图书在版编目（CIP）数据

一个人的修养，看失意时的善良 / 陶瓷兔子著. --北京：北京联合出版公司，2018.6
ISBN 978-7-5596-2293-8

Ⅰ.①一… Ⅱ.①陶… Ⅲ.①成功心理—通俗读物 Ⅳ.① B848.4-49

中国版本图书馆 CIP 数据核字（2018）第 118103 号

一个人的修养，看失意时的善良

作　者：陶瓷兔子
选题策划：北京宏泰恒信文化传播有限公司
责任编辑：宋延涛
策划编辑：王　萌
封面设计：仙境书品
版式设计：王玉双
责任校对：李　腾

北京联合出版公司出版
（北京市西城区德外大街 83 号楼 9 层　100088）
北京中振源印务有限公司　新华书店经销
字数 170 千字　880 毫米 ×1230 毫米　1/32　9.5 印张
2018 年 7 月第 1 版　2018 年 7 月第 1 次印刷
ISBN 978-7-5596-2293-8
定价：38.00 元

未经许可，不得以任何方式复制或抄袭本书部分或全部内容
版权所有，侵权必究
本书若有质量问题，请与本公司图书销售中心联系调换。电话：010-58572848

前　言

见字如面，谢谢你找到我。

由于做公众号的缘故，我常常在后台收到很多读者的提问。大多数的问题都可以归为两类：一类是在关系上的难题，友谊、爱情和亲情；另一类是职场上的困境，求职、跳槽以及工作与生活的平衡。

从"明明跟舍友三观不合，还要一起吃饭上课假装很亲密"，到"男友劈腿了，我要原谅他吗"，还有"我妈不喜欢我女朋友，我很痛苦"。

从"我什么都不喜欢，什么都不擅长，以后能做什么工作"，到"工作三年了觉得自己入错了行，要不要跳槽"，以及"在职场上太软弱总是吃亏，应该怎么办"。

在大多数时候，我都可以从方法论的角度给出一两条救急的措施，每当我敲下回复的一二三时，总会隐隐觉得好像缺了点什么，苦思许久，始终捕捉不到那种模糊的缺憾。

直到有天跟一个小姑娘聊天，她正在为跟男朋友的一次争吵而烦恼不已。我把自己在话术、神态和肢体语言等方面的相关知识倾囊相授，给她支招，然而过了一会儿，她回我信息："讲真的，我们的价值观和习惯差异太大，感情也没有那么深，在一起摆明了全靠死撑。可是一会儿我还是要把你教我的方法试一下，看看能不能先解决眼下这个问题。"

我特别吃惊，都这么清楚两个人有多不合适了，为什么还要试，死马当活马医？

而她回复的那句话让我至今难忘，她说：

"可是宿舍里其他人都有男朋友了，如果我没有，我就是一个人了。"

我心中那点模模糊糊的东西因为这句话忽然变得具象起来，那些看似风马牛不相及的问题，其实一直有着共同的联系，那就是恐惧。

我们害怕的东西太多了。

害怕孤独，害怕不合群，害怕惹父母生气，害怕迷茫，害怕得罪人，也害怕被人议论"你一个女孩子怎么野心这么大"或者"都这把年纪了还折腾什么"。

这些恐惧驱使着我们逃避。

为了逃避孤独，你宁愿接受一段不称心的友情，将就一段不合适的爱，或者应允父母并不合理的要求。

为了逃避迷茫，你匆忙把自己塞进一个格子间，每天过着最简单的两点一线的生活。尝试新的挑战？培养新的兴趣？不敢想的，任何一点新鲜的刺激都会让你痛苦、焦虑、自我怀疑。

为了逃避别人的评价，你亲手把棱角都磨去，变成写字间里那个模糊灰暗的剪影，从来不敢表达反对，从来不敢主动争取，然后自欺欺人，说这是成熟的表现。

有时候觉得蛮遗憾的，从十八岁到二十八岁，是一个人成长的黄金时期。那是生命中最宽容的十年，没什么责任，却有大把的自由，智力、体力和学习力都会在这十年内达到顶峰。这本该是自由探索、任意试错的十年，然而，我们却把这样宝贵的十年用来逃避，用来藏起自己。

自以为成功，自以为不露破绽，在别人的眼中乖巧、稳定又圆满。

可只有你知道，在许多个难眠的深夜，你还是会难过，会失落，会不甘心。你费尽心思逃过的来自内心的质问，终有一天还是会找上门来，在某个阳光灿烂的午后，让你忽然很想为自己哭一场。

美国首席大法官罗伯茨在儿子的初中毕业典礼上，给孩子们讲过这样的一段话：

在未来的很多年中，时不时地，我祝你被不公正地对待，因而你会知道公正的价值。我祝你遭受背叛，因为它会让你感受到忠诚的重要性。我祝你时不时感到孤独，因而你不会把朋友当作理所当然。我祝福你有时有坏运气，你会意识到概率和运气在人生中扮演的角色，理解你的成功并不完全是你应得的，其他人的失败也并不完全是他们应得的。我祝你被忽视，因而你会意识到倾听他人的重要性。我祝你遭受刚刚好的痛苦，能让你学会同理心。

而我也想把这段话送给你。

祝你在最好的年纪孤独过、迷茫过，也坚持过、勇敢过、听从过内心的声音。在与它们旷日持久的作战中，你会积累最丰富的战斗经验，那将会是使你一生受益无穷的财富。

因而在这本书中，我并不想告诉你如何去做某件具体的事，或去解决眼下某个看似棘手的问题。

我希望可以陪你看得深一点点，看得远一点点，看到难题背后的真正大问题，也看到人生不同的可能。

我们一起学着应对孤独，摸爬滚打着找到自己的价值，确认所爱和所长。

我们一起学着跟焦虑、抑郁和自卑作战，即便七胜八败，也好过束手认输。

我们一起探索更好的处理关系的方式，不委屈自己，也要做到不为难他人。

我们会成为更好的人，我们要成为更好的人。

态度即人生，而你总有选择。

目　录

Part 1　世界你见过了，世面呢？

世界你见过了，世面呢？ / 003

年轻时拥有高质量的社交圈，到底有多重要？ / 008

打败生活的不是年龄，而是你的自暴自弃 / 014

你最大的失败，就是从来没有尊重过自己的生活 / 020

最怕你什么都不敢要，却如何都不甘心 / 026

真正优秀的人，从不抱怨 / 031

最怕你成不了精英，又过不好平凡的一生 / 038

靠近比自己高一个档次的圈子，到底有多重要 / 042

比起中年油腻，我更怕三十五岁以后还得去招聘会讨生活 / 047

Part 2　谁让你放下，你把谁放倒

谁让你放下，你把谁放倒 / 055

你曾赢过全世界的难，最后却输给了自己的懒 / 060

连努力都得让人劝，你就活该没出息 / 065

最怕你两手一摊，还觉得理所当然 / 070

你也是那个看起来很努力的人吗？ / 075

那些第二代比你年轻还比你优秀，你凭什么不努力？ / 081

你一身洪荒之力，却没有起床的勇气 / 086

你总是对别人太用心，对自己不用力 / 091

弱太久就是你的错 / 095

Part 3　别把没教养，当作有力量

别把没教养，当作有力量 / 103

一个人的修养，看失意时的善良 / 108

比没话说更尴尬的，是话太多 / 113

你有话不直说的样子真讨厌 / 118

好好说话，是一个家庭最宝贵的家风 / 123

有哪些小事，会让你觉得一个人很有素养？ / 129

这句得罪人又没好处的话，你一定也说过 / 134

比不努力更可怕的，是拎不清 / 139

Part 4　年轻人多笑笑，没事别老叹气

年轻人多笑笑，没事别老叹气 / 145

她就算单身一辈子，也能过得比你好 / 150

你这么能撑，是不是属帐篷？/ 156

我们都曾想过去死，我们都将努力活着 / 162

别害怕输在起跑线上，人生中那么多转折点 / 167

你对待痛苦的方式，决定了人生的走势 / 172

有个像样的兴趣爱好，究竟有多重要？/ 177

你所有的多愁善感，还不都是因为闲 / 182

尿过 / 188

Part 5　你哭什么哭？真没出息！

你哭什么哭？真没出息！／195

你就是栽在太上进又想得太多／200

你也曾经是个胆小鬼吧／205

见的人多了，就越来越喜欢钱／211

年轻人别急着谈梦想，先去好好赚点钱／216

你不是没主意，只是太贪心／222

你就败在走得不稳却又太过着急／227

"原生家庭非常幸福是怎样的体验？""下辈子再来答吧。"／232

我是全清华最自卑的人／238

Part 6　愿你走路带风，愿你永怀爱意

愿你走路带风，愿你永怀爱意 / 245

别让你的好意，败给了别有用心 / 250

最难守的边界，是好意 / 255

宿舍里那个坏女孩有了男朋友 / 260

我不怕自己孤独终老，只担心没人替我喂猫 / 265

我很好，骗你的 / 270

等朋友和工作都不需要你了，你就想逃进婚姻了 / 276

"我好不容易逃离潜规则，可我爸妈却骂我胡说" / 281

可你不一样，你是见过爱的人 / 287

Part 1
世界你见过了,世面呢?

或许只有真正到达过山顶的人,才愿意为半道上苦苦挣扎的奋斗者鼓掌,或许只有真正懂得生活的人,才能理解这世界原本就是一场协奏曲,而不是必须分出胜负的竞赛跑道。

所谓世面,不在于昙花一现、惊鸿一瞥,也不在于雪山大海、碧波朝阳,而是在于通人情、懂人心。

世界你见过了,世面呢?

我在公众号后台收到一个女孩子的留言,委婉地向我抱怨对一位舍友的不满。

那个女孩跟她同岁,家境很好,年纪轻轻就走遍了全世界,说起全球各地的人文风俗和美食娱乐都头头是道,但她却无论如何都很难对这位舍友产生好感,于是有点儿怀疑,是不是自己的心态出了问题。

她小心翼翼地问道:

"不知道是不是我太玻璃心了,但是每次我问她什么,她都会先感慨一声'你居然连这都不知道',然后才回答我的问题。我说起寒假准备去实习的事情,她也嗤之以鼻,说最好的年纪就要去看最好的世界，不要目光这么短浅，总是钻在钱眼里。

"她或许只是随口一说，并没有什么恶意吧，可我就是不大喜欢这个人。有时候觉得自己这样真是不好，好不容易遇上一个见过世面的舍友，却丝毫也不想跟她亲近，因为自己小心眼，白白错失向对方学习的好机会。"

我打趣她："在自责之前，你确定你不是对'见过世面'这几个字有什么误会？"

见过几轮他乡的明月，在地中海里潜过水，拍了一些游客照，记得住一些人文古迹，就算得上是见过世面了吗？

并不见得。

在我做第一份工作的时候，有次被外派到分公司去参加一个重要的项目，跟我对接的是一个挺年轻的小伙子，在欧洲上了本科，又去加拿大读了研究生。他常在午餐或是晚饭的时候讲起自己留学和旅行时的经历，见多识广又能说会道，好一副神采飞扬的样子。

我对他的第一印象并不坏，甚至还为自己有这样一位不错的合作伙伴而感到些许的幸运。然而很快，我就为自己如此草率地评价一个人而心生悔意。

无论别人讲什么话题，他都能想方设法地把话题引到自己的身上："我在欧洲上学的时候……"

听到团队成员一个不标准的发音，他就会立刻不屑地纠正："是 cliché，不是 cliche，最后一个音符是法语发音的，来，你跟我念……"

因为自己的疏忽开会迟到时，会立刻找借口道："我当年在意大利的时候，他们都特别不守时，我都习惯了，真的没想到这些人今天居然来得这么早。"

最夸张的一次，是在酒店的会议室里，新来的服务员不会使用全是英文的咖啡机，他居然当着一屋子人的面，语带讽刺地挖苦了对方十来分钟，硬是把小姑娘训得眼泪汪汪，而当我们上前打圆场时，他还无辜地一摊手：

"国内的五星酒店服务还是不行，我在欧洲的时候，人家酒店的服务员都会讲中文呢，你看看她，连这么简单的几个单词都不认识……"

颐指气使，趾高气昂，而同行的几个人却无不面带尴尬，看着他自顾自地导演一出让人生厌的尬聊。

能说会道并不意味着抢尽风头，见多识广并不需要伴随着得意扬扬。

正如《沙滩小子》中的民宿老板曾经严肃地对舍不得客人离开的孙女说：

我们在海边开店，这是我们的生活。可是前来民宿的人，都是为了回去才来的。客人来到这里休养生息，是为了回去更好地生活。

而见过世面的意义，并不在于朋友圈状态下全球各处的定位，在星巴克用纯正流利的英语点一杯不含咖啡因的拿铁，说起奢侈品豪车时的如数家珍，以及对景点古迹的倒背如流，更重要的，是一个人的心境。

自足而不自满，优秀但不优越。

不因为别人有更多，就心生嫉妒暗自鄙薄；也不会因为自己的有，而去苛责他人的无。

看过无边风月，更懂得惜取眼前人。听过别人的故事，更懂得要如何去过自己的每一天。

敢潇洒地走出去，也能坦然地走回来。

认识一个姐姐，气质样貌极佳，情商又很高，丝毫没有高冷的女神范儿，只要有她在的场合，从来不会冷场，而我是在认识她快两年的时候，才在一次偶然的聚会上从她同学口中听到了她的辉煌经历：

大学毕业前已经能流利地用五门外语进行交流，去了美国读研，拿到了两个硕士学位，自己打工赚钱走遍了美洲大陆，毕业之后又进了人人艳羡的投资银行，成为了金领。她生活得像电视剧里的女主角，全世界飞来飞去，跟西装革履的商业大佬谈着上百万美元的生意。

"老实说，你这么厉害的人，会不会觉得我们跟演十万个为什么似的，什么都不知道？"我问她。

"怎么会。"她笑了起来，"这世上哪有人真的是全知全能的，无非是每个人熟悉的东西不一样罢了，每个人成长在不同的环境里，观点和认知有所差异才是最正常不过的事。"

我又问："你工作的圈子里一定也有很多大牛吧，跟他们相处会不会不自觉地去比较呢？"

她说："刚开始的时候在所难免，但是后来慢慢也就想通了，不会再觉得自己不如他人，因为已经尽了最大的努力才走到今天这一步；也不会觉得别人不如自己，每个人都有自己的优势和特点，何必一定要分个高低？"

或许只有真正到达过山顶的人，才愿意为半道上苦苦挣扎的奋斗者鼓掌，或许只有真正懂得生活的人，才能理解这世界原本就是一场协奏曲，而不是必须分出胜负的竞赛跑道。

所谓世面，不在于昙花一现、惊鸿一瞥，也不在于雪山大海、碧波朝阳，而是在于通人情、懂人心。

过好每一天，好好说每一句话，跟每一个人好好地交往，才是见过世面的人会去做的事情。

年轻时拥有高质量的社交圈，到底有多重要？

毕业之后有次回母校，跟一个小学妹约饭，她拉着我去教学楼的天台，一脸崇拜地向我取经："学姐，听说你当年每天六点就起床来天台念英语，你是怎么做到的？坚持了那么久，有没有什么不为人知的秘密？"

我一脸黑线地迎上她灼灼的视线："你不知道我每天都是被室友追着打起来的吗？"

她顿时无语。

我大学第一学期的时候，几乎懒到发霉，除了不得不去的专业课之外，几乎所有的时间都赖在床上，支着小床桌，吃着零食，不是追剧就是玩游戏,每天睡醒都能完美错过食堂的早饭,短短两个月就胖了十几斤,又因为常常熬夜弄得脸色暗沉痘痘频出,明明还不到二十岁,却像个蓬头垢面的中年妇女。

并不是没想过要改变,只是通常死撑不到一周,就又被惰性打回原形。屡试屡败好几次之后,我跟下铺的学霸姑娘有了如下的一段对话:

"你以后早晨去念英语的时候能不能叫一下我?"

"我每天六点起床,你确定你可以?"

我迎着她怀疑的目光赌咒发誓,为了提高自己的可信度,甚至还补充了一句:"要是闹铃响完我还没起,你就拿晾衣杆打我……"

开始时的满腔热血很快就冷却下去,而我终于也尝到了豪言壮语带来的恶果:在很多个寒冷漆黑的冬天,当我一把摁掉闹铃准备跟周公再续前缘时,总有一根又粗又长的晾衣杆从我的床边幽幽伸过来,连打带戳地把我弄醒。

我跟着学霸姑娘混了整整两个学年,不记得被夏天的蚊子咬了多少个包,也不记得在冬日的冷风里打了多少回寒战。印象中特别清晰的是在一个下雨的清晨,我一边哈欠连天,一边跟她抱怨:"你说,我们这样努力到底有用吗?考试都不见得能比去年高多少分,更别说跟清华北大的学生相比了,也不知道到底能得到什么。"

她盯着手中的书,连头都没抬一下,回答我说:

"我努力又不是为了胜过本来就不普通的别人,而是不输给原本就平凡无奇的自己。

"但行好事,莫问前程,我对得起自己的每一天,至于结局如何,听天由命吧。"

我是在很多年后才想通了这个道理。所谓天命,所谓运气,不过是一个人夜以继日的积累所带来的质变。这世上并没有什么从天而降的贵人和机遇,不过是努力得足够久,等到足够优秀之后,才有了伸手摘星的资格与权利。

学霸姑娘在毕业那年,被全球翻译专业排名前八的蒙特雷高级翻译学院录取。我时常在朋友圈里看到她发的大段大段的经济新闻、艰涩难懂的专业术语以及和《新华词典》一样厚的会议资料,也看到她逐渐开始带上同传耳机出入各种高端会议。

有次我们闲聊,我问她:"听说同声传译压力很大的,你这么拼,每天是不是活得很累?"

她一如当年的鸡汤和热血,秒回我:"很累,但是充实且有成就感,满足到即使知道今天是生命中的最后一日,也不会后悔。"

而那时的我呢?毕业之后没了学霸姑娘在身边的鞭策和鼓励,又正处在职场中不上不下的倦怠期,过着朝九晚五的安定生活,每天下班不是跟朋友在街边瞎逛就是回家看剧。若今日也是我的最后一天,我又怎么敢如她一般,坦荡地说此心无悔?

后来,我在各种机缘巧合中认识了很多上进的朋友。

看着她加班到十点回家还雷打不动地复习一个小时 GMAT;

看着她在上产床的前一天还坚持写完了最后一篇推文；

看着她在哄完孩子身心俱疲的深夜回一封重要的邮件。

她们也并不是三头六臂的女超人呀，不过是小心翼翼又拼尽全力，护着自己心中的那点小火苗不至熄灭罢了。

而这些朋友对于我的意义，并不仅仅是能用于文章中的励志素材。在许多个觉得自己无能为力、自我怀疑或自我厌弃的时刻，只要看一眼聊天记录或朋友圈，就能使我瞬间被她们身上强大的吸引力拉回正轨。

成年人的友情太过现实了，无论怎样往昔的情谊，也抵不过因心智认知上的差异而无话可说。害怕自己被颓废缠身，被努力的她们丢下，成为那个只能在聚会上尬聊的局外人，这样的担心，正是约束和激励自己最好的动力。

茱蒂·哈里斯在《教养的迷思》中提到过一个很有趣的现象：

在英国的上层社会中，生活在贵族家庭的孩子，他们头八年中的大部分时间是与保姆、家庭教师以及一两个兄弟姊妹一起度过的，很少与母亲一起，跟父亲的相处时间更少。当孩子八岁时被送进寄宿学校，在那儿要待上十年，只有在放假的时候才能回家度假。然而，当他离开伊顿或者哈罗等私立贵族学校时，却已做好了成为英国绅士的准备。

而伊顿公学的前校长托尼·里多则说得更加直白：

伊顿的杰出，并不完全依靠其师资或设施，更重要的是，它汇集了最优秀的年轻人。

这样的环境对人的影响是巨大的，你会不自觉地自问："这些人能够做得如此优秀，为什么我不可以？"他们会在同龄人身上看到自己想要成为的样子，同时也从同龄人身上学习自己缺乏的技能，这就是同辈压力（peer pressure）所带来的动力。

我收到过很多这样的私信留言，说身边所有的人都浑浑噩噩、胸无大志，自己想做点什么，却总是害怕被当作异类，因而虽然心向往之，却迟迟无法采取行动。

而我也开始慢慢理解，诸如此类的困扰，并不完全是一个人自己不努力还归罪他人的借口，人本来就是情境动物，在哪种环境中扮演哪种角色，有时确实身不由己。

然而正如萧伯纳在《华伦夫人的职业》中写的那段话：

人们通常将自己的一切归咎于环境，而我却不迷信环境的作用，在这个世界上，有所作为的人总是分离寻求他们所需要的环境，如果未能找到，他们也会自己创造环境。

我有个很励志的读者，他在一所三流学校里读三本，班里没人学习，几个舍友更像是住进了电脑游戏里，除了吃饭之外连宿舍门都不出。他每次去图书馆，都会受到舍友的嘲讽和诱惑，有时实在忍不住，就想跟他们一起玩一会儿，玩着玩着就忘了去上自习。

心中为数不多的不甘和上进像是秋风里摇摇欲坠的最后一片叶子，眼看着就要身不由己地落入泥泞。

后来，他想出了一个主意，在学校几百个人的微信群里，他每天都会发一段学习打卡的消息。从一开始被嘲笑，到逐渐见怪不怪，第三十五天的时候，有个人加他微信，说："我们一起学吧。"然后又有越来越多的人加入，他们组成了一个二十六个人的小群。

他们甚至不是同一专业，但这并不妨碍他们每天一起去旁边的名校蹭课，一起去念英语、读书、找实习。今年他毕业，很开心地来找我，说群里伙伴们的出路都很不错，不是早早签进了企业，就是考上了985高校的研究生，还有两个拿到了国外高校的offer。

生在何处，有哪种父母，进哪所学校，到哪里上班，遇到什么样的人，并不常常如人所愿，但同类项往往相吸，无论在哪种情形下，我们都有挑选朋友和创造情境的能力。

你是谁，便与怎样的人做朋友，而与怎样的人交往，又在反向塑造着你。

但愿你还有能力去挑，但愿你还有资格去选。

打败生活的不是年龄，
而是你的自暴自弃

前段时间出差，跟多年不见的高中好友约饭，她陪我住在酒店，我们像中学时代那样彻夜聊天。

聊到天光微亮的时候，她忽然转过头，目光灼灼地盯着我，说："你这几年变化挺大的啊。"

我满心以为她会夸赞我的穿衣品位和化妆技术，却没想她话锋一转："你以前多别扭啊，又敏感又倔强，特别理想主义，听到一点不同意见，要么甩手走人要么立刻爹毛，现在虽然老了几岁胖了一圈，倒是变得圆融可爱了不少。"

"把倒数第二句咽回去，我就勉强当你是在夸我。"我举起手中的抱枕威胁她。

其实时间过得挺快的,不是吗?最大的九零后也快三十岁了。

她忽然长叹一声:"我还没任性够、没玩够、没潇洒够,就不得不进入压力山大的而立之年,一点心理准备都没有,都不知道几年后怎么面对自己的生活。"

三十岁很可怕吗?

曾经跟一位读者聊天,她在相亲中认识了一个男人,老实木讷,有车有房。她并未对这个人有多心动,却又不舍得放跑这个理想的结婚对象,于是心不甘情不愿地跟对方约了几次会,没有多少共同话题,寒暄完天气之后就各自默默玩手机,一想到婚后的生活也日日如此,就心生绝望。

"既然这么不喜欢,那就趁早断了呗。"我说,"还可以腾出点时间寻找自己的心仪伴侣。"

"妹妹你还小,你不懂。"她说,"我今年就三十岁了,过了三十岁的女人,就没有那么多挑挑拣拣的资本了。你这个年龄还可以坚持不将就,可我已经不能了,再晚一点,说不定连这个人也剩不下给我了。"

这话听来多耳熟?

"我都三十岁了,转行肯定来不及了,万一跳槽之后待遇还不如应届生,老脸往哪儿放?"

"你都三十岁了,再不要小孩就过了最佳生育期了,可别说我没提醒你。"

好像那并不仅仅是人生中的一个刻度，而是带着魔力的捆绳，到达那一站，双手双脚会被束缚，从此只能规规矩矩地做个提线木偶，再也无法从生活的五指山下挣脱出来。

三十岁真的有那么不同吗？

每天公司一家一幼儿园三点一线地按时上下班、按时接送小孩，周围交往的总是同一群人，慢慢失去察觉外界变化的敏锐直觉，与不同人群打交道的技能也开始慢慢退化，上有老下有小中有二十五年房贷，不敢再像刚毕业时那样不管不顾地去闯，生怕行差踏错，从此无法回头。

我认识一位将近三十岁的姐姐，她本有机会从一成不变的国企跳槽到发展势头良好的互联网公司上班，可她拒绝了。她说："让我跟那些小孩子平起平坐，还不如杀了我算了。熬了这么些年，不就为了混成半个前辈，可以指使他们拿拿快递、取取外卖吗？要是连这点地位都没有，我岂不是虚长这么些年了？"

谁说可怕的中年来自于年龄的魔咒？明明迷恋稳定与权威才是最大的杀手。

是我们抢先给中年下了定义：

它应该是稳定的，哪怕带着点死气沉沉的烦闷；

它应该是有地位的，哪怕那头衔只是一碰就碎的镜花水月；

它应该意味着一点点的特殊待遇，比如跟小年轻们一起吃饭时被让至上座的特权和一开口全桌皆肃、洗耳恭听的权威。

我们太喜欢强调年龄、地位与人生阶段的匹配，"在什么样的年龄做什么样的事"，成为了多少人心照不宣的人生格言。

年龄本是一种庇护，带我们远离那些明显与我们格格不入的人或物。走出年少时无病呻吟的伤春悲秋，让我们终于能够脚踏实地地靠自己的力量站立，它应该是我们抵抗生活重击的力量源泉，而不是成为我们生命的负累。

前段时间读完一套书，叫作《可怕的中年》。这是由十本小册子组成的"中年烦恼"，每本只有寥寥的五十多页，却充满了那种"打不赢岁月也要跟生活捉迷藏"的英式幽默：如何假装没喝醉，如何假装自己是个好父母，如何假装年轻又超脱。

豆瓣上有一句很动人的短评："我们终于老到可以自嘲中年生活边边角角的地步了。"

有点冷，有点丧，有点无奈又有点幽默。

比起那些一味宣扬"老娘三十可是又美又有钱，岁月奈我何"的鸡血，这或许才是大多数普通人的中年吧。那昂首挺胸的宣言诚然很硬气、很美，但我一生懒散，注定无法在枪林弹雨里杀出一条成功之路。

所以，我也很害怕在远处招手的三十岁啊。

生出来就再也无法抹去的鱼尾纹，流失了就再也补不回来的胶原蛋白；

一不小心就会成为曾经最讨厌的那个唠唠叨叨的中年妇女；

谈婚论嫁，生命中平白多出另外的责任；

猝不及防，被邻家上中学的小姑娘以"阿姨"相称。

中年来得措手不及，面对它的平凡琐碎，我们也许会有不甘、有懊丧，但我们依然可以决定，是要打肿脸充胖子骑虎难下，还是坦坦荡荡地自嘲着生活下去，让幽默本身成为一种力量。

没有谁是不会老的，但也不是每个人都能学会如何老。

这世界上有那么多倚老卖老、仗老欺人又或是理直气壮地昏庸与腐朽的人，即使有很多人用四五位数的面霜修饰着脸上的纹路，但也终有人能在老去的路上走得优雅且坦然。

我很喜欢《我在伊朗长大》中的那个片段：

玛赞的外婆每天都会把刚开的茉莉花放在自己的内衣里，当她解开内衣的那一刻，茉莉花纷纷飘下，满室清香。

而她搂着十四岁的玛赞说着悄悄话："你这一生会遇到很多坏人，如果他们伤害你，就对你自己说：'这是因为他们愚蠢。'这样你就不会对他的残酷做出反抗了。因为没有比仇恨和复仇情绪更糟的东西了……永远保持你的尊严，真诚地对待你自己。"

人固有一老，或老而猥琐，或老而睿智，而我好想成为她。

我们永远无法左右时光的前行，但却能选择成为自己要成为的那种人。

在还年轻的时候学会如何老，这或许才是思考三十岁最大的意义吧。

你最大的失败，
就是从来没有尊重过自己的生活

"我觉得自己活得挺失败的。"

临近年终，身边的好几个人都感慨起这个话题。

八零后的 A 说："同学聚会听到人家的年终奖，觉得自己这一年像是白活。"

九零后的 B 说："看着同龄的女生二胎都抱上了，自己却连男朋友都没有。"

九五后的 C 长叹一声："我同龄人都月薪五万了，我买个手机还得向爸妈要钱。"

让我有点吃惊的是，说起这些话的几个人都是我身边挺优秀的朋友。

A 是事业有成的经理人，凭自己的努力从一个不起眼的三流大学毕业生一路拼到了上市企业的部门经理；

B 是圈子里颇有名气的自由摄影师，参加国际大赛拿到的奖项毫不逊色于专业作品；

就连最年轻的小朋友 C，也在学校组建起自己的乐队，去为电视台举办的活动唱歌，也算是颇受欢迎。

可到了年终，自责的原因林林总总，对自己这一年满意的却寥寥无几。

有时觉得我们这个时代很有意思，通往成功的道路越来越多，成功的定义却愈发扁平下去：

月收入至少得过万，如果是固定工作，年终奖里必须有出国游和最新款的手机、相机，不然你就是能力有问题；

脸上要有胶原蛋白，身上要有马甲线，否则你就是不自律；

稳定的恋情／婚姻是最好的加分项，有钱、有闲、有身材还得有人爱，才称得上是人人羡慕的大赢家。

跟一位朋友聊起这个话题，她说："努力这个词正在摧毁年轻人。"

可我却觉得，摧毁年轻人的并不是努力本身，而是对努力的执念。这种自责成瘾的焦虑感，比不努力本身更能伤害一个人。

心理学家丛非从曾经写到过：

当一个人极度焦虑，又对自己很不满意时，他往往会不自觉地给自己定下过高的目标，因为一个普普通通的"小目标"会让他感觉不到自己的上进。

狂热地囤书、买资料、报名大咖微课为知识付费，收藏夹里的内容几百个 GB，却完全没有时间去看、去听；

疯狂地做俯卧撑、平板支撑，每天长跑十公里，却从来不问，这样的强度是否适合自己的身体；

变本加厉地加班，乃至也学会了违着心、厚着脸皮拍老板的马屁，以求加薪、升迁继而平步青云。

那么努力了，那么上进了，那么累了，却还是很讨厌不够成功的自己。

可是最开始呢？

最开始，我们不过是想看完一本小说，想让自己更加健康一点，想安心享受每晚跟家人共处的时光。只是想让自己更快乐，却一步步被成功牵引着，走了那么长的路，反而离快乐越来越远。

2015 年，娜塔莉·波特曼为哈佛大学的毕业生做过一场演讲，其中的一句话让我深受触动：

成就总是美好的，但你得知道为什么要这么做，如果不知道，它就会变成很可怕的陷阱。

要瘦，要美，要学贯古今，要出人头地。

可是，为什么？

我曾经被舍友灌过满满的一碗鸡血。有天晚上我们一起去逛街买衣服，她忽然指着一件 M 号的长裙说："其实你要是瘦上十斤的话，穿上这件衣服一定是个小仙女，去聚会的时候肯定会惊艳全场。"

我随口答："做不到啊，贪吃怕累不想动。"

她抓住我的肩膀，目光灼灼地看着我："别给自己找那么多借口，只要你愿意，没有什么是做不到的。你就是对自己要求太少才这么不自律，从明天起，跟我一起减肥吧，你一定可以的！"

我惭愧地迎上她坚毅的眼神，点了点头，开启了长达三个月不见天日的生活。

HIIT（High-intensity Interval Training，高强度间歇训练法）的 40 分钟已然让人痛不欲生，八到十公里的长跑更是消磨掉了我仅剩的最后一点意志力，但最可怕的还是来自饮食上的控制：每餐无非是西蓝花、圆生菜、水煮鸡胸肉、水煮鸡蛋、水煮牛肉、水煮胡萝卜的交替搭配，就连想要冲杯红糖水，都得小心翼翼地计算着卡路里。

当我终于在自己身上看到隐约的马甲线，又买下了那件很好看的长裙时，是有过一瞬间的开心的。

但那开心如同烟花一样转瞬即逝，很快就又被"怎么才能再瘦一点，好像小臂的轮廓也不大好""最近好像有反弹的趋势了，要不要喝减肥药"和"好饿、好饿、好饿"的痛苦和焦虑淹没。

让我察觉出不对的端倪,是一个很久没见过的朋友忽然在微信上问我:"你最近是不是遇到什么事了?有不开心的事可以来跟我说。"

我被她问得丈二和尚摸不着头脑,问她:"你觉得我怎么了?"

"满口抱怨,浑身戾气,许久没参加朋友聚会,也不见你在朋友圈分享读过的书了,就像是变了一个人一样。"她说。

天知道,一个每天处于饥饿状态的人如何能有好心情和好脸色?不参加朋友聚会,是因为无法面对别人吃吃吃,而我却只能干瞪眼咽口水的尴尬局面。而我极其有限的意志力,在支撑我做完所有的运动之后就早早罢了工,根本不允许我再用读书来折磨它。

从始至终,我都没有出现过那些健身贴里写到的"一天不动都难受""看着镜子里的自己觉得好像重生"一般的感觉,至今回忆起那段时光,主旋律都只有苦。

可是这一切的最初,我只是为了买一条裙子,然后去跟朋友们约饭。

像我这种对健身无感的人,大概永远也不理解六块腹肌和马甲线到底有什么乐趣,就像那些从来不喜欢甜食的人,永远不懂一块半熟芝士带来的绵密感多么让人满足。

我并不以自己的喜欢吃和不爱运动为荣,也从不会觉得别人严格控制饮食就是傻,我只是知道,自己是做不到的。

拍美照的时候当然也会有一点遗憾,但那毕竟不是我全部的生活。

我对自己亦有诸多不满,但至少我知道,减肥瘦身并不是我努力的方向和追求。

我们都长大了,不再是那个看到别人手里拿着棒棒糖,就哭喊着说"我也要"的小朋友。

要美,要瘦,要有钱,要有男/女朋友,这些并不是目的,快乐和满足才是。

认识自己,知道自己的能和不能。

理解自己,尊重自己的愿与不愿。

你所喜欢的,才是最好的生活。

最怕你什么都不敢要，却如何都不甘心

跟一位创业的朋友约饭，他神色郁郁，说："前几天刚开掉了公司里一个骨干，虽不后悔，但真舍不得。"

那个姑娘叫小阳，是一路跟着他打拼的元老。从创业开始一步步走来，从几个人的小房间到容纳上百人的大办公室，他们并肩熬过了贫寒的三千块，却倒在了月薪上万的路上。

他惋惜地叹了口气，跟我们讲了事情的来龙去脉。

早在年初的时候，随着公司规模的不断扩大和市场占有率的不断提高，他无法再像之前那样一个人领导一支队伍，于是决定增加部门经理一职，以便更高效地处理日常业务。

招聘从内部开始,很快,小阳所在的市场部就报出了两个人选,一个是小阳,另一个是去年刚加入公司的男孩儿大李。小阳的优势在于经验丰富,而高薪从一家500强公司挖来的大李虽然加入得晚,业务能力倒也很不俗。其他部门也很快报上了人选。

他在例会的时候说:"有意申请部门经理的人,本周五下班前一定要把简历发给我。"

大李的简历隔天就飞进了他的邮箱,可小阳的,却迟迟都没等到。

还是他沉不住气,周五下午借着批出差计划的当口问小阳:"部门经理这个职位,你就不想争取一下?谈了恋爱心就这么大,怎么连简历都不交?"

小阳并没正面回答,却似笑非笑地看了他一眼:"咱们这一路走过来,我有几斤几两,你还能不知道?"

到了周五下班,他还是没看到小阳的简历。他刻意找借口又把提交简历的日期往后延了两天,却依然没有等到。如此,他便以为她是真的无心于管理层,于是在次周的例会上宣布了几个新经理的名字。

听到大李的名字从他嘴里念出的那一刻,小阳的神情如遭雷击。接着,她便以身体不适为由请了一周假,回来之后也不像从前那样积极地加班出差了。

他听到这个消息只是一笑置之,自我安慰道:"小阳谈了男朋友,毕竟还是女孩子,对感情更看重一点无可厚非。"

可接下来发生的事,却让他不敢相信自己的眼睛。

小阳以部门缺人为由,坚决不执行大李推行的新战略,在例会上公开跟大李叫板:"你算老几啊,新官上任三把火是吧?我来公司的时候还没你呢,你知道什么?"

她联合好几个关系好的同事一起给大李添乱,不是报告晚交,就是用过时的数据,搞得大李不得不自己在公司加班,而她却在一旁冷嘲热讽:"能者多劳,您是谁啊,您了不起。"

小阳在客户面前讲大李的坏话,说他专业能力很差,靠溜须拍马上位,其实什么都不会,人品又超渣。

他忍无可忍,将小阳叫进办公室狠批了一顿,小阳含泪冷笑:"你当然偏心他,人家是高才生,我又算得了什么?不过是个出苦力的。"

他也委屈:"你们俩的机会本来就是平等的,是你自己无意经理职位,连简历都不交,现在怎么反过来怪我?"

小阳说:"这么多年,我的业绩最好,干得最苦,为公司做了那么多,凭什么让我跟他争?这职位它就该是我的。你不推举我,不就是觉得他学历比我高了不起吗?"

讲完,他无奈地摇了摇头:

"她跟大李已然水火不相容,从公司的角度考虑,我必须要保护没做错的人。我给了她三倍的补偿金,把她推荐给另一位朋友的公司,可她倒好,还没出公司大门就把我微信拉黑了,想给她发个告别红包都不成。

"我就是想不通,既然是想要的,为什么当初要摆出一副不感兴趣,不屑于竞争的样子?"

如果当时她也交了简历呢,你会选她吗?

我本想替小阳问一句,但是想想,又把话咽了回去。

人生中哪有那么多如果?你与我,他与她,都不过是在与未知林林总总的博弈中,尽力去谋求一个自己所期待的未来罢了。

而这个世界,终究是属于勇敢者的。

那个爱了很多年却没有告白过的人,最终挽了他人的手臂;那个想了很久却没争取过的机会,最后落入了别人的手中。然后你说,他(她)瞎啊,我明明这么好,他(她)怎么就是看不见我?

这世界什么都缺,唯独不缺优秀的人。

你不是偶像剧里开了挂的主角,也没有自带的金色光环。这世界上,跟你不相上下的人太多了,有时,机会只意味着谁先迈出第一步。

我有时会想,如果赵敏没说出"我偏要勉强",张无忌和周芷若是否也能欢天喜地地结成连理?

而如果那位被称为"国士无双"的 CEO 杰克·韦尔奇没有主动请缨去做诺瑞尔加工厂(高温塑料)的负责人,通用电气会不会如同那千千万万的企业一样,无声无息地倒在科技革命的浪潮里?

他们一个改变了自己的命运,另一个改变了整个商业世界。

可最让我羡慕的,却是他们从始至终,无论成败,都对得起自己的心。

为什么主动一点那么难?

你怕的事物那么多,怕输,怕姿势不够好看,又怕努力一场最终却落得一场空的丢脸。

所以才假装出一副不在意的样子:没事,我不在乎,你随便拿去。

雾满拦江老师写过这样一句话:

人生在世,到最后比拼的不过是对他人关注的忍耐力。

谎话重复太多遍,骗得了别人也能骗得了自己,可在某一个瞬间,你还是会深恨自己的不勇敢。

我不是鼓励所有人都要争破头奔着成功而去,若你真心淡泊名利,那很好,这世界总需要一些坐在路边鼓掌的人。

可最怕的却是你什么都不敢要,却如何都不甘心,任由自己陷入怨怼和懦弱的泥潭,一边对自己的生活不满,一边却在嘲笑别人改变的勇气。

别总是用"顺其自然"的佛系思想来自欺欺人。

不如去做个"经济系"的年轻人:试试看,我愿意,我尽力。

真正优秀的人,从不抱怨

实习的时候,我被公司派去新加坡参加为期一周的项目管理培训,参加进修的人来自各行各业,大家同住在一家酒店里。

与我分到同一组的几个人里,有两个是跟我一样的外企管培生,另一个姐姐,称她为 M 好了,是一家国企的员工。

大家来自不同的企业,除了学习之外,拓展人脉也成了此行的重要目的之一。第一天培训完之后,同小组的几个人便相约去看夜景吃饭。

吃饭的地方是新加坡一家能看到鱼尾狮像的网红餐厅,可还没等我们对眼前美丽的夜景发出一句赞叹,M 就幽幽地叹了口气:"不就是个异形人工建筑,跟国内的某些雕塑也没什么区别,就这么个地方的餐厅还要这么贵,性价比真低。"

气氛有点尴尬,我只好开口安抚:"其实我们 AA 下来,每个人也没有多少钱,大家都好不容易来一次,吃得尽兴就好。"

她看着我又是一声长叹:"我们这种公司没办法跟你们外企的收入比啊,你看你们年纪轻轻就能被公司派出国培训,我都二十九了,还得跟别人争得头破血流才能来。"

整个吃饭的过程,都充斥着她的各种抱怨:

经理偏心啦,老板的小姨子在公司不干什么活年终奖还拿得最多;

企业效益不好啦,每年涨的工资跑不过通货膨胀率;

这个培训也很没意思啦,你看那个讲师,连普通话都说不好。

异国他乡好好的一次外出游玩,就这样变成了她的吐槽大会,我们交换了一个无奈的眼神。而她说完职场的种种不顺,丝毫没有停下的意思,眼看又要把抱怨的话题引到家庭与生活。

我连忙打断她,问:"那你既然干得这么不开心,就没想过能做点什么改变一下?"

"怎么变?"她发出一声嗤笑,"行业不景气,公司没效益,企业文化只有溜须拍马,又不是我一个人能决定的。

"况且我也不年轻了呀,你又不是不知道国内的招聘环境,到了我这个年龄,想找比这更好的工作,也没那么容易……"

心理学上有一个名词,叫作习得性无助。

在"觉得无助——表现出无助——加深无助的观念——表现出更严重的无助"的恶性循环中，人往往不会采取行动，而是把一切归罪于环境。

他们的认知仅仅停留在"我也不想的，但是我没有办法改变环境啊"的层次。

对生活不满意，不过是眼光短浅看不到前路，技能缺失不知该从何处着手，万般无奈之下，只好放任自己沉浸在情绪的洪流中，一开口就是抱怨。

回去的时候大家在酒店互换了微信，我们几个拉了一个微信群，却都很默契地假装忘记了她，她明显感觉到了大家的疏远，培训结束的时候不满地吐槽我们几个"年轻傲气，不好相处"。

我们连解释都懒得解释，傲气就傲气、高冷就高冷吧，至少我们在这一周保护了自己的耳朵和心情。

不知道你有没有这样的同事或朋友，把你当作"最知心"的闺蜜，总是将工作上、生活中一切的不顺利、不如意一股脑地讲给你听。

你只能微笑点头，一旦表现出不赞同或者不耐烦，他们就会很委屈："怎么了嘛，我把你当朋友，说点知心话都不行！"

我曾经就有位这样的"猪队友"，我们共同负责一个新开发的项目，从奇葩的客户到苛刻的老板，再到实习生报告晚交了一个小时，都能成为她喋喋不休抱怨的理由。

有次我们一起加班,一个很关键的数据无论如何都做不对,又不知道问题出在哪里,只能一遍遍地推倒重来,两个人本来就已经焦头烂额了,她还在一边哀声叹气:"老板也真是的,自己早早回家过周末,却让我们来弄这么复杂的东西,咱们拿员工的工资,却得操老板的心,你说,是不是很不公平?"

我终于忍不住发了火,怼她道:"你知不知道总说这种丧气的话特别影响别人的心情?既然都已经做了,就集中精力加快速度做完回家,要是不想做,你也可以先走。"

她比我还要震惊:"我没想到会影响到你啊,我不过就是随便抱怨两句而已。"

心理学家丹尼尔·戈尔曼认为"情商"一词包含五个主要方面:自我意识、控制情绪、自我激励、认知他人情绪和处理相互关系。

而爱抱怨的人,大多处于较低的情商水平。

既无法控制情绪,也不懂得自我调整去消化负面情绪,他们不知道抱怨是一切关系的杀手,也不能理解为何坏情绪会让他人对自己感到厌烦、避如蛇蝎。

生而为人,各有其苦,没有谁生来就是小太阳。而长大成人,步入职场,做好事情前的第一步就是咽下苦,藏起累,控制好自己的语言和情绪。

抱怨是本能,可忍耐与消化,同理心和共情力,却是要花功夫去培养的后天能力。

当然，还有这样一种人，将抱怨用作达到目的的途径。

跟老板抱怨："我辛辛苦苦干了一年，天天加班到晚上九点，为什么才加这么一点点薪？"

跟同事抱怨："我都这么忙了，你们就不能配合一下我的节奏早点把报告给我吗？"

这种带着撒娇口吻的抱怨，往往并不只是情绪的倾诉，而是带有极强的沟通目的。

每一字、每一句都在呐喊："看到我，帮帮我，我想要。"可说出口的话，却将对方推得越来越远。

这世界谁也不欠谁，没有任何一种关系能承受得了这样的压抑和负重。

作者丛非从写过这样一段精妙的比喻：

就像你在一片土地上种一颗种子，满怀希望它能开花结果，一段时间后它没有发芽，你恍惚了一下，怀疑自己可能是忘了种，于是你又种了一颗，再种了一颗，土地很贪婪地得到了好几颗种子，结果却是，你再也不想在这里播种了。

永远在索取，永远在抱怨，永远不满意。

他们对待关系还像个未成年的小孩子，得不到重视会闹，不被满足的时候会哭，却往往忽略了，成年人的交往从来不是单方的索取与付出,而是互相成全。

你以为爱抱怨的人只是性格不好吗?那不过是因为认知层次、情商层次和理解关系的层次都太低。

可万幸的是,我们并不是马丁·塞利格曼实验中那只只会躺在笼子里哀鸣的狗,只要自己愿意睁开装睡的眼睛,不管走过多少弯路,最终都找得到通往幸福的大门。

最简单的,可以尝试从这三步做起:

1. 调整自己的归因方法。

在开口抱怨之前,把句式换成"都是别人(上级/同事/下属)"改成"如果我"。

如果我再主动一点,就可以拿到这个项目,而不是只能暗自抱怨老板有眼无珠。

如果我考到某个证书,是不是就可以跳槽到行业最好的公司,而不用只是一味地坐在原地抱怨一切的不如意。

2. 学会换位思考。

如果可以,把你的抱怨录下来,找一个心情好的时候听听录音,看看你会有什么感觉,会不会顿时觉得好心情一扫而光,整个世界密布着黑云和毒气。

这正是别人跟你相处时的感觉,很压抑,不开心,而你又愿意跟这样的自己做朋友吗?

3. 学会明确且直白地说出自己的需求。

说话时别绕弯子,别试图用抱怨来硬凹含蓄。

"这个报告我希望你下午三点之前可以给我,因为我拿到它之后还需要做其他的东西。"

"我今年的成绩是××××,希望您能考虑为我加薪。"

别怕坦诚会伤人,真正让人反感的,是你那颗畏缩、拧巴又阴云密布的心。

最怕你成不了精英，
又过不好平凡的一生

毕业两年的表弟裸辞了银行的工作，在家庭聚会上被各家长辈轮番数落，灰头土脸地找我求救，眼神却灼灼："我跟他们说不通，但是你肯定能理解我，我今年也二十四了，总不能一辈子都这么朝九晚五拿着死工资，那能有什么出息啊，是不是？"

他说得情真意切又信心满满，我一个恍惚，居然觉得他有几分像励志文里的男主角，而这恍惚很快就被姨夫的冷笑打断："你看不起人家拿死工资的，可人家至少还能养活自己。你一分钱没有，还欠下一屁股债，你倒是有出息了。"

我之前零星听到的细节终于被拼凑成了全貌。

他瞒着家里人裸辞之后,跟朋友一起开了一家咖啡馆。由于经营不善,咖啡馆的生意着实惨淡,苦苦支撑了两个月,别说盈利了,就连银行的贷款都还不上。姨妈打扫卫生时在他的桌子下面发现了一张通知单,才发现自己的儿子早已辞了职,还欠下了小十万的贷款。

没有商业计划书,没有行情考察和市场调研,没有启动资金和过渡资金,脑门一热便提了辞呈,说走就走,说干就干。

我听得目瞪口呆,创业对他来说仿佛从来不是一个理应艰苦奋斗的大工程,而是随意便可为之的儿戏。

"你就这样,还想白手起家变成巴菲特?"我也没能落俗地像长辈们一样反问道。

他用那种"怎么连你也这样"的失望眼神看着我,气势更加低落下去,嘴上却不服输:"你们都不懂,创业那看的是时机,时机!让我扛过去这个坎,以后肯定会好的,反正我就是不想跟你们一样,一辈子都做个普通人,过着这种没意思的生活。"

我有次出差,在酒店吃早餐时跟一对母女同桌。女孩初中模样,拿着一本历史课本目不转睛地反复背诵。她的记忆力显然并不灵光,一句短短的"张角于公元184年起义"念了五六遍,一合上书,却立刻印象全无。

她的母亲几次催促她吃饭,她却置若罔闻,等到母亲又一次小声提醒"再不喝牛奶就凉了"时,她忽然发了火,指着正来回奔走的服务员,大声说:"我不想吃饭,就想学习,你别打扰我,我不想以后跟她一样,做这种又累又没前途的工作。"

周围的人纷纷侧目,可座位离她只有半米远的我却看得真切,她眼睛里的东西与其说是不屑与轻视,倒不如说是忧虑和恐惧。

她大概无法忍受自己是个普通人吧,她的手机屏保是袁泉饰演的"白骨精"唐晶,年薪七位数又走路带风。那大概才是她觉得值得去追求的人生。

有个读者给我私信,焦虑得要命,说自己兢兢业业地工作,三年才升了一级,每次一刷到满朋友圈的总监和 CEO,就觉得自己是个不折不扣的 loser。

我安慰她:"行业不一样,公司不一样,名片上的 title 不代表能力的高下,与你成功还是失败更是不能直接挂钩的。"

"不是这样的。"她说,接着摆出了许多成功者的例子,"×××二十岁生日给她妈妈打了二百万哦;×××只做了两年新媒体,一条广告费都上百万了哦;×××用了一年就从合同工干到总监了哦……"

"跟他们一比,我不是很失败吗?"她锲而不舍地追问我。

我说:"不算是失败吧,这就是普通人的生活啊。"

她回我两个大大的流泪的表情:"活成这样,不就是最大的失败了吗?"

我觉得很是绝望。

这绝望并不是因为我拿着手机呆呆地坐了近十分钟,却不知道该如何回答她。而是我想不通,为何会有人宁愿将自己当成一个 loser,

也不愿意接受普普通通的生活。

我们生活的这个时代并不缺少奇迹和逆袭，那样光鲜亮丽的生活时刻都在向每个人魅惑地招着手，让人在向往的同时，对一切普通与平凡嗤之以鼻，仿佛那便等同于混吃等死。

可遗憾的事实却是，大多数人渴望享受成功后的荣耀，却无法承担辉煌背后的辛苦。

于是一边向往，一边驻足；一边颓废，一边不甘。将自己折腾得像个不安分的跳梁小丑，还美其名曰"我不要平庸"。

年初的时候，很多人在社交媒体上回顾自己过去一年的生活。

"2017年每周都能坚持看完一本书。"

"养了一只小狗，相处得还不错。"

"加薪一千块，被老板在会上提名表扬了。"

"跟父母成功地长谈了一次，中途没有哭也没有发火。"

没有年入千万，没有豪宅香车，也没有认识哪个大V又跟哪个很厉害的人攀上了关系，那些平凡无奇、带着烟火气息的小确幸，才是普通人的日夜与生活。

最失败的，才不是生而普通。而是既做不到卓越，又过不好平凡的生活。

靠近比自己高一个档次的圈子，到底有多重要

趁放假跟几个朋友约了饭，正好表妹来家里做客，我便邀请她跟我一起去。

她刚毕业一年，在一家小企业里做财务，好奇地八卦完这几位朋友的情况，之后便连连摇头："我就一青铜，到这种王者局里会被秒杀的你知道不？一个投行高管，一个心理咨询师，一个身家百万的老板，我跟他们哪儿有什么共同语言啊。人家肯定也不待见我。"

我安慰她："去听听大牛们聊天也是好的啊，其实我也挺菜的，有我陪你呢，怕什么。"

她用那种恨铁不成钢的眼神看着我："几年没见，没想到你的脸

皮已经修炼得这么厚了,还打算拉我垫背,休想。"

我顿时无语。

"不是你们鸡汤博主说的嘛,圈子不同不必强融,远离无效社交;先有平等才有互助;真正的友谊里没有高攀。明明就不是一个层次的人,何苦巴巴儿地往上凑,去招别人笑话。"她意兴阑珊地摆了摆手,"你去吧,我在家看电视好了。"

那张青春靓丽的脸上写满了年轻人特有的清高,可清高里却参杂着显而易见的自卑和脆弱。

这个年龄的女孩子,习惯了在聚会上斩获别人的歆羡和喜爱。让她去做配角、被碾压,自然是有一千个一万个不情愿。

我还没毕业的时候在一家纸媒实习,第一次参加传说中高大上的行业酒会,许多之前只闻其名不见其人的大神们扎着堆出现,会来事儿的新人们早已端着酒杯挤上去,无论人家说什么,都报以夸张的赔笑。

我听着他们聊我根本不认识的人和压根听不懂的话题,处在那衣香鬓影、觥筹交错的环境中,每个细胞都想逃走。

然后我就真的逃了回去,回家看书看到凌晨三点多,前所未有的认真,满心想的都是要加倍努力出人头地,为自己在这种场合里站稳脚跟拼出一点资格。

做了一晚被众星捧月顶礼膜拜的美梦,第二天一进公司就被带我的师父老梁叫住,他劈头就问:"你昨天去哪儿了?"

"我先回去了。"我答得也很坦然,"他们说的那些我一点也听不懂,就回去自己补课了。"

他气得直拍桌子:"你看书平时不能看啊?这样的机会一年就一次,你是不是傻?"

"可是在那儿拍马屁凑热闹又有什么意思?在我变得更优秀之前,这种场合我再也不会去了。"我沾沾自喜地说,觉得自己很有骨气。

他根本不接茬,抛给我一根录音笔:"这是我昨天录的,给你两天时间整理一下,整理好拿给我看。老话说,听君一席话,胜读十年书。有这么好的机会站在别人的肩膀上,别因为那几两面子错过了本事。"

那是2012年,而那些站在风口的人,已然讨论起了网络媒体的兴起和纸媒的衰落。那是直到2015年底,才被众口相传的发展态势。

后来我没有从事媒体行业,而这份录音对我的价值,其实无关职业的发展和金钱的获取。

那仅仅是一种态度。

如果有机会结识比自己更好的人,不要怕,不要躲,坦然地参与进去。如果不能提供有价值的输入,那就成为高质量的倾听者。

这句话说起来很容易,做起来却不然。

脆弱的自信和敏感的自尊是迈出那一步最大的阻力,无论是别人无意的一次忽略,还是一句不带恶意的调侃,都像是对自己的内心戏的证明:看,你不该出现在这种地方的,你只配和你差不多的人待在一起。

我的一个朋友给我讲了她如何重塑她的大龄单身姐姐的故事。

挺简单的,就是叫她到上海来,参加了几次大龄单身女孩儿的聚会而已。

她姐姐三十岁了,身上有种文艺女青年反省似的自卑:

"我本来就长得不好看,再打扮岂不是丑人多作怪?

"我到了三十岁还没嫁出去,肯定是自己有什么问题。

"都这个年龄了,还折腾什么呀,万一失败了呢?"

我忍不住好奇,问她:"你姐姐这种性格,跟你周围的这些人恐怕是格格不入的,聊得来吗?"

她大笑着说:"没聊啊,她全程都缩在角落里当自己是隐形人,直到回去那天都是这样。她当时虽然接不上什么话,可回去没多久就给自己报了个英语班,办了一张健身卡,还向我打听其他人用的什么牌子的化妆品,短短两年,简直就像变了个人似的。"

人的改变是会有延迟的,可重点不在时间,而是在于你是否能看到生活的另一种可能。

不是在虚构的荧幕上,不是在遥远的书本里,而是那些看上去跟你差不多的人也能够拥有的可能。

陈虎平老师写过这样的一段话:

> 所谓选择,从来都不是一个人分析的产物,而是社会化情绪同

步共振的结果,你不可能从事一种人类永远不会欣赏的事情。你的热爱,你的激情,其实是与你信任的一些人共振的产物。

信任、共鸣、选择,归根结底,都是社会协作和博弈问题。

而遇到比自己略胜一筹的对手和朋友能带给你的最大益处,就是你会知道某件事还有更好的解法,某个令你困惑的难题还可以有另外的思路,生活还有更多的可能,而你,也有资格去追求那样的可能。

实力是可控的线性积累,关系是高度不确定的情绪联结,这两种能力高度异质,却并不矛盾。

一味地关注实力而忽略高质量的关系,会导致一个人的自我封闭,用愤懑和羞耻来饲育脆弱易碎的自尊。

每个人都是驯兽师,而那匹野兽,便是各自的性情。

阻碍你靠近大神的,或许并不是那道看不见的鸿沟,也不是大神本身,而是你自己。

是你的怯懦、自卑和固步自封,在你的面前建筑了一道密不透风的墙。

比起中年油腻,我更怕三十五岁以后还得去招聘会讨生活

我毕业那年去上海参加企业的面试,爸妈担心我独自出门遇到麻烦,于是嘱咐一个在上海工作的哥哥照顾我。

我跟那个哥哥很熟,他在上大学之前一直住我家对门,不知一起吃过了多少顿饭,又帮我解决了多少道数学题。我到上海的第一天,他早早地来到我住的酒店,说要请我吃晚饭。

可见到他的那一瞬间,我险些傻了眼。

他大概是刚下班,满身藏不住的倦怠与暮气,身形有些佝偻,坐在那儿已然略显颓废。他整个人胖了两圈有余,手里攥着纸巾不停地擦汗,起身跟我打招呼时,还露出了那"怀胎六月"的啤酒肚。

他看着我笑了笑，有点不好意思地解释说："都是喝酒喝出来的，工伤，没办法。"

他那年二十七岁，在一家电子公司做销售，工作的主要内容之一便是在饭桌上陪客户喝酒。

就在我们吃饭的当口，他的一位客户打来电话，我隔着桌子都能听到那醉醺醺的声音从听筒中传来，叫他："小张，快来×××喝酒。"

他用最恭谦的音调跟对方寒暄着，整个人像只虾米似的弯下腰去，嘴里诺诺地应承："李总是大恩人，这两年多亏您提携了，没有您哪儿有今天的我啊。对不住、对不住，下次一定陪您，不醉不归啊、不醉不归。"

那时冯唐先生还没有首创"油腻"这一贴切的形容词，可他那一脸谄媚的笑容，拍起马屁脸不红心不跳的模样和为五斗米折腰的卑微之气，让还留在象牙塔里的我鄙视不已。

我带着一脸"你怎么变成现在这个样子了"的表情质问他："你不是说这个人很烦吗？为什么还要对他这么热情？"

而他说："大客户啊，再讨厌人家也不能表现出来，还靠他的订单升职呢。"

"喔，口是心非，两面三刀，惟利是图，趋炎附势。"

我在心底狠狠地给他盖上一个"假面中年人"的印章，想起印象里那个眉清目秀一脸正气的美少年，觉得十分难过。

他大概是看懂了我满脸的不赞同与不耐烦,临别时对我说了一番话:

"做销售这行啊,起步的时候都是这么难,每天碰无数钉子看各种脸色还得随叫随到。但是没办法,你没得选,只有咬牙忍着,做到大区销售之后才能好一点,每个新人都得这么熬过来。

"你别看我现在这样,要知道,三十岁以前至少还有人叫你去喝酒,如果三十岁以后还在这个位置,连叫你喝酒的人都没了。"

我曾经在微博上收到一位读者的私信,跟一般有关友情、学业、爱情的青葱心事不一样,它来自一个三十三岁的中年女人。

她在私信里绝望地讲着自己的经历:大专毕业,在一家小公司做文员,一个月不到两千的工资。本来日子过得还不错,可丈夫在股市失利,不仅赔光了家里所有的积蓄还欠下了一屁股债务。她想跳槽找一份更高薪资的工作,但因为连最基本的 Excel 和 PPT 都不会用,如同雪花般投出去的简历都如石沉大海,毫无音讯。而雪上加霜的是,她原先的公司开始裁员,像她这样身处边缘部门又没有含金量的职位,首当其冲。

我在电脑面前坐了一个多小时,不知道该如何作答。

告诉她"把生活交给时间,一切都会好起来"吗?告诉她"种下一棵树最好的时间是十年前,其次是现在"吗?告诉她"只要不放弃就一定会有奇迹"吗?

我知道那么多句鼓舞人心的鸡汤金句,却找不出任何一句可以填补她失意中年里大块大块的空洞和苍白。那苍白来自她颓废安逸的二十几岁，时日一久，就变成了她生活中无法再更改的底色。

太晚了。我在心里反复地想着这句话。

每年都有那么多人涌出校园，他们比你年轻、比你反应快、比你会得多，他们轻装上阵，没有房贷的压力也没有子女的负担，加班熬夜眉头都不皱一下，PPT、Excel和PS样样精通。

中年逆袭听起来很美、很霸气，但对于一无知识二无技能三无资本的那些人，毕竟还是太难了。

我在网上看到过这样一则新闻：

求职的黄金年龄段是二十五到三十岁。超过百分之八十的招聘启事，将求职者的年龄限制在三十五岁以下。而在各大人力资源市场、人才市场的招聘网站数以万计的招聘启事中，只有寥寥数十份招聘启事没有明确限定求职者的年龄。

我并没有去考证过这则新闻中的百分比，但有次跟一位做到HRBD（HR BUSINESS PARTNER，人力资源业务合作伙伴）的朋友提到此事，她顺口说："我们招三十五岁左右的管理层，基本上全是通过猎头推荐，自己主动投简历过来的一般都不会要，除非手上有很好的资源或是背景足够强大。至于基层员工，三十岁以上的基本就不会考虑了，这种人一般一身暮气没有进取心，又没有年轻人好调教。"

我听得心凉,问她:"可是三十五岁之后的人还有那么多,除了早已按部就班做到了中层管理级别的,或是早已在资本市场赚了个盆满钵满的,又或是自立门户做起了小本生意的那些,剩下的人又都在哪里呢?"

她冲我无所谓地耸了耸肩:"他们啊,大概还在招聘会上讨生活吧。"

她是有轻飘飘地讲出这句话的资本的。在刚毕业的那几年,当其他女孩子为了恋爱、逛街、买买买而想方设法逃避加班时,她就开始了在活动现场苦熬好几个通宵的生活。

合照上的她顶着浓重的黑眼圈和一脸油光,眉头总是习惯性地蹙起,一副心事重重的模样,年纪轻轻就有了白发,穿着老气的黑色套装,看不出一点二十几岁年轻人该有的样子。平日里也没有什么业余生活,每天两点一线,回家倒头就睡。那时的她还很伤感地说,自己的青春从毕业那天起就结束了,之后的日子便都是中年时光。

可是现在呢?

她已经变成了公司里不可或缺的顶梁柱,一手建立起一家分公司的行政流程,拥有着傲人的业绩和不菲的薪资,脚踏七厘米高跟鞋,穿着香奈儿的最新款套装,手上有钱眼里有光,回头率秒杀大多数青涩懵懂的年轻姑娘。

"没有人能逃得过中年,但如果你足够努力,生活或许能开恩让你选择它什么时候开始。"她说。

而这或许也是我渐渐地不再像从前那样将油腻、势利、虚伪等词理所当然地施加于他人，也不大敢将之得意扬扬地转发在朋友圈，以此来烘托自己年轻又清爽的原因。

因为你并不知道，他们是当真无奈地陷身于中年的泥潭，还是主动选择将中年与青年对调。

每个人都不得不老，但你总能选择，中年以后的人生要如何度过。

毕竟比起发胖、变丑与没人爱，更可怕的是三十五岁还要跟年轻人抢饭碗，去招聘会上讨生活。

Part 2
谁让你放下,你把谁放倒

人生是很公平的,你迈得过去,得到的才是星辰大海,迈不过去,眼前就只有家门前的小水沟。

放下很容易,可放下之后再提起来,却是加倍的艰难。你将前二十几年的人生放下,到了后半辈子,便只有被人放倒的份儿。

谁让你放下，你把谁放倒

好友程程休完两周的年假，一扫在办公楼里带着黑眼圈的憔悴，连牙齿都透着光。她在巴厘岛享受了一整周的阳光海滩，又飞去香港买了不少东西，最后两天回老家陪父母过国庆节。

她这次回家，正好赶上了一个小型的同学聚会，参加完聚会回来，感慨万分。

留在本地的男同学大多做着清闲的教职或者公务员，一个月基本工资只有两千多。她费了好大的力气才跟他们解释清楚自己从业的那家金融公司的运营模式，以及自己每天如同空中飞人的日程并不是只会出现在电视上的夸张桥段。

她的女同学们许多都已为人母，听说她至今单身，瞬间便掀起了一波热议。

中学时的闺蜜语重心长地劝她:"你是个女孩子啊,个人问题要上点儿心。"

"上心着呢,这不是忙着挣钱拼事业嘛,鱼与熊掌不可兼得。"她说。

这本是一句玩笑话,闺蜜却正色地说:"世界上那么多钱,你挣得完吗?好好安顿下来生活才是正事,你看你每天活得那么累,不也是跟我们一样活一辈子吗?何苦呢?别整天只想着赚钱,做人要知足才能常乐。"

她正准备开口,闺蜜五岁的孩子跑进来传话:"爸爸说让你给他三百块钱,他打牌输了。"

一秒前还和颜悦色的闺蜜立刻变了脸色:"玩玩玩,一天就知道打牌,我一个月有多少工资能给他输的!"一边嘟囔着,手里却开始掏钱包。

孩子看着她掏钱的动作,趁机要求:"我还想吃那个蛋卷冰淇淋。"

闺密说:"一个冰淇淋五块钱,生活费都快被你爸输完了,哪儿有钱买给你吃。"

孩子显然习惯了母亲的抱怨,无所谓地走开了。

程程随口问道:"你这么看不惯他打牌,为什么给他钱呢?"

闺密一声长叹:"不给怎么办呢?他回家就找茬,给我和孩子脸色看。我都这个年龄了,又带着个孩子,这辈子都跟他绑在一起了,还能怎么样呢?"

闺蜜身上的怨气和无奈都是如此的浓烈,以至于瞬间就打破了她有关"岁月静好现世安稳"的那点飘忽不定的感动。

在她用自己半个月的奖金在香港买下几万块的包时,她在为几百块的生活费而着急上火;

在她工作三年就可以为自己添置一套小公寓时,她依然跟公公婆婆挤在一起住;

在她依然可以在众多追求者中挑挑捡捡时,她却早已老了容颜、胖了身形,陷在一场并不那么幸福的婚姻中无从脱身。

"我想,我大概就是个有野心的人,也不想过早地学会知足常乐。青春反正都是要拜拜的,拿来拼一把,也总比被狗吃了强吧。"她说。

我刚开始写文章的时候,每天要花两三个小时甚至更久,才能写出一篇像样的东西,白天要上班,只能利用周末或晚上的时间写作。一次聚会的时候,有人劝我:"下班看看电视刷刷微博有什么不好?你为什么要让自己活得那么累啊?那么努力有什么意义呢?人生苦短,要及时行乐。"

那段时间我正好陷入了一个不上不下的瓶颈期,每天焦虑得要命,听到这句话不啻于天语纶音,当天晚上就跟他们去桌游吧玩到晚上十一点多。在接下来的一个月里,索性连电脑都不开,每天只是看几集美剧,刷一会儿朋友圈,到了时间就准点上床睡觉。

直到我自认为调整好了状态,再次提起笔时,发现自己又回到了刚开始时那种"胸中有千言，下笔无一物"的混乱状态。由于长时间的疏于练习，之前的努力便像是打了水漂，除了一丝波澜什么也没剩下。

那段时间我胖了三斤，镜子里出现了双下巴。也不大敢跟要好的朋友聊天，生怕他们问起"你最近过得怎么样"时，自己无法做出回答。

我该怎么说呢？

"我过得很轻松，可是一点也不好。"

那句话怎么说来着？

堕落本身并不致命，但它所衍生的绝望、消沉和自我厌弃，却是生活真正的杀手。

记忆里最为幸福满足的时光，其实也并不是在微博上看到一条好笑的段子，也不是给朋友圈里的所有人都点了赞，而是即便状态很差，也能坚持写出一两千字的那种成就感。只有绕过了那块石头，才能看到曲径通幽的大观园。

努力是很辛苦的，有时甚至带着点无望，以至于我们总是轻易地放过自己，用耗损目标的形式来缓解努力带来的焦虑。一边喊着"我的征途是星辰大海"，一边放任自己去追最新热播的电视剧，口口声声向往着"诗与远方"。

可人生是很公平的，你迈得过去，得到的才是星辰大海，迈不过去，眼前就只有家门前的小水沟。

放下很容易，可放下之后再提起来，却是加倍的艰难。你将前二十几年的人生放下，到了后半辈子，便只有被人放倒的份儿。

认识一个男生，口头禅是"我这个人不看重名利"，拿着一个月不到两千的工资，窝在十几平方米的出租屋里混吃等死，打发时光唯一的方式就是打游戏。

他喜欢上了一个姑娘，苦追无果，姑娘嫁给别人之后，他逢人便抱怨说："现在的女孩儿真是太拜金了，不就是看人家工资高有钱吗？真是势利眼。"

可是女孩子选择结婚的对象，也不是用来把自己拖进泥潭的，与其抱怨这个世界有多功利，还不如趁年轻好好努力经营自己，有了足够的物质之后，才有资格去谈跨越现实的感情。

没有努力过的人，是没有资格抱怨生活的残酷的，毕竟那不是伊甸园里的追逐和嬉戏，而是险恶丛林中的竞争与博弈。

而我们之所以会安慰自己，之所以要自己"放下"，并不是真的因为我们看破了红尘繁华，而是因为我们在每个心有不甘的时刻畏首畏尾，不敢再往前迈一步。

你的人生能走上开阔的通途，还是停留在逼仄的小道，不同之处就在于当你在面对坚持与妥协的抉择时，所做出的不同选择。

只有平庸的人，才能永远处于自己的最佳状态。

毕竟放下能痛快一时，却躲不过来日方长。

你曾赢过全世界的难，
最后却输给了自己的懒

我有个在 NGO 做慈善事业的朋友，跟我讲了一件让她百思不得其解的事。

她所在部门的运营方式是寻找城市里希望投身慈善事业的有钱人，跟当地农村的贫困户结成帮扶对子，通过寻找商议合适的项目帮助贫困户增加收入。她接手的那户人家有个大院子，门前就是一大片草地，公司专家小组调研之后给出的项目建议是为贫困户提供小鸡和羊羔，鸡蛋与羊奶均归农户所有，盈余部分由公司牵头负责销售。

她拿到草案之后，立刻兴冲冲地写好了一套完整的规划提交给资助方，资助方看完也十分爽快地表示同意，看似一切顺利，没想到那家贫困户却开始了百般的刁难。

先是以"人都睡不好哪儿有力气干活儿"为借口,要求公司先给他们资助一台风扇。紧接着又以"天太热鸡蛋和羊奶不好保存"为由,向公司讨要一台冰箱。两项要求都得到满足之后,又提出了想要两部手机,还要求公司承担所有话费。

这一要求被否决之后,她一遍遍地往那户人家里跑,苦口婆心地劝说他们无论如何先干起来。可任凭她好说歹说,那对夫妻像是吃了秤砣铁了心似的,梗着脖子对她说:"你们要是不给配手机,我们就不参与这个项目了……"

她无计可施,只好将一切如实汇报给经理,经理听完事件的始末叹了口气:"你还没看出来吗?他们根本就不关心你的项目提案有多大的可行性,做成了之后能有多少收益,他们在意的只是如何能不劳而获。这两个人根本什么都不想干,不过是希望借着这个机会给自己家捞点东西罢了……"

她想要反驳,却也自知事实就是如此,心塞地来找我聊天,说:"他们真的挺可怜的,拿着那么一点最低保障金,日子过得紧巴巴的,只有逢年过节才能见点荤腥,住的也是祖辈留下来的老房子,什么现代设施都没有。我就是想不通,没病没灾好好的两个正值壮年的人,明明有这种一本万利的好机会,为什么就不想做点事情呢?我们为了换一个更贵的包包,都能拼了命地连加三个月的班,难道他们就一点也不稀罕顿顿吃肉手有余钱的生活吗?"

这就是惰性的可怕之处。一开始不过是轻微的犹豫不决，让你由于贪睡而错过一堂课，由于贪玩而少写一次作业，由于贪图安稳而拒绝走出去看更大的世界。

继而开始一点点蚕食掉你的希望、梦想和野心，演变成极端的懒散，让人陷在床板大小的一亩三分地，闭目塞听地拒绝一切挑战和机会，失掉对未来的规划和想象。最后索性破罐子破摔，放任消极和懒惰将自己淹没。

懒惰是愚昧的根源，愚昧又成为懒惰的帮凶。

有次同学聚会上，大家聊起高中时期的种种，觉得那时的生活真的好苦。永远算不尽的数学题，永远背不完的政史地，永远看不懂的理综那最后一道大题，穿着最丑陋的校服，每天早晨就着熹微起床，被老师骂，被父母逼，被同龄人之间的明争暗斗压得透不过气……

但也唯有那个时刻，我们知道低压气旋和高压气旋，能画辅助线、背元素周期表，动动手指就能解出三元一次方程，轻轻松松地出口成章、背名句名篇。

而后来呢？

我们提笔忘字，出门离不了谷歌翻译，买菜找零要靠计算器，挑肥拣瘦逃避加班，绞尽脑汁在朋友圈P一张美图刷存在感。

你知道最难扛过的是什么吗？

不是困难，不是生存，不是那些被生活折磨得无法喘息的日日夜夜，也不是那要拼命奔跑才能不被淘汰的高压。

相反，那是安全，是自由，是无数个我们觉得"自己终于可以去做××事"，但又放任自己不去做的时刻。

我们都喜欢打怪兽，不仅酷还有成就感。然而在普通生活的每一天中，真实的情况却是即便学了习、读了书、跑了步，也不会得到太多掌声。就是这样看似波澜不惊的一日一日，一点点地把你的锐气与干劲慢慢吞没。

最终，让你像个老头子一般闭目塞听，失去对生活的所有好奇与热情，将自己全部的人生龟缩一隅，还沾沾自喜。

曾经收到过一条让人啼笑皆非的留言，这样问我："我快三十岁了，可还是很穷，特别想干点什么兼职，但是又没技能、没天赋，不大能吃苦，也不想做刷单、Uber 那些很 low 的东西，你知道有什么工作合适我的吗？"

我顿时无言以对。

要是你能找到的话，麻烦也介绍给我好不好？

这个时代最为复杂，但也最是公平，它认可的不仅仅是个人品牌，是 IP 是大 V 是网红，还认可那些悄无声息的努力和汗水。连北京街头卖煎饼的大妈都月入三万了，你好意思哭穷？

我们身边有太多的声音在说"要告别努力的表象，要放弃低质量的勤奋"等等，而这些往往会让人产生一种错觉：其实我也是很努力的，之所以干啥啥不成，只是努力的方向不对，质量不高而已。

可是对于很多人来说，他们连勤奋的表面功夫都不屑于做，更遑论质量。

连写个作业看本书都不情不愿，还要靠人连催带赶的威胁；

几个月加一次班就觉得自己被资本家无情地坑害了，一回家便瘫倒在床要把加班的时间睡回来；

下班看会儿书、学会儿习就担心自己过劳死，刷起微博、朋友圈却能眼都不眨地兴奋大半夜。

你哪里是输在了天赋不足或是认知不够，分明就是因为懒。

我们常常把"二十多岁的中年危机"挂在嘴边，担心自己被社会淘汰，担心自己跑不赢房价，担心自己无力支撑几年之后上有老下有小的生活。

可对于大多数人来讲，中年时期遭遇的种种难题，都不过是自己年轻时不努力的回报罢了。

该加班的时候玩手机，到了中年便只好忍受最难熬的职场夹层，想走没本事，想留不甘心；

该健身的时候躺着看剧，等发现种种不合格的身体指标，又只好用为数不多的积蓄去交换健康；

该赚钱的时候打游戏，等到了四处用钱的中年，便只能空叹生计维艰，看到别人早早实现了财务自由，也只能酸溜溜地感慨别人的"好运气"。

你要知道，时间是不会等你的。

连努力都得让人劝，你就活该没出息

有位读者辗转要到我的微信，向我询问开公众号的事情，交代完基础的步骤之后，他欲言又止，又磨蹭了半晌，问我："听说公众号红利期已经过去了，很难挣钱是不是？"

"是啊。"我说，"除非才华横溢又勤奋刻苦，想要在几千万个公众号里出人头地，可没那么容易。"

"这样啊……"他有点失望地回答，"那我还是不开了吧，又挣不到钱，何苦还要给自己加活儿干，不如躺着玩游戏来得轻松。"

"也没有那么绝对，还是有人能赚到钱的，一个月突破十几万读者订阅的，也不是完全没有。"我补充。

他意兴阑珊地回了我个"嗯"，然后话锋一转，说起了最近大热的某款游戏。

随后的一段时间里,我们联系得不多,他陆续地给我发过一些消息,无非都是对生活小事的吐槽:

公司有女同事怀孕,工作任务的一半都分给了他,老板却不肯松口加钱;

办公室里有个富二代,开着一辆上百万的豪车,可怜自己连电动自行车都买不起;

同班的××创业当了老板,自己却还在当打工仔看领导脸色……

有次我正好闲着,随口就问:"你既然对生活这么不满意,就没想过做出什么改变吗?"

"有啊,但我这个人懒,之前上学的时候有老师盯着,还能学进去一点,现在毕了业工作稳定下来了,反倒提不起精神去努力。"他说,"就得让别人劝着催着,才能找到一点动力。"

"就像当时想开公众号一样。"他又说,"其实我写得挺好的,中学时还拿过一个省级作文竞赛的金奖。你要是当时再劝劝我,我也就能下决心了,努力一下,说不定我还能成为新媒体里的一匹黑马呢。"

我在这头险些失笑。

哪儿有一匹黑马是要人催着逼着才能往前走的?那连抬脚都嫌费力的闲散模样,分明就是驴。

这世上最简单的就是开始了啊。

一碗鸡汤、一碗鸡血灌下去,但凡是个五感俱全的人,很容易便像被打了强心针一般因剧烈的刺激而产生幻觉。在这样的幻觉中，他会觉得改天换地都是小菜一碟，怀揣着这样的雄心壮志，随口便立志赌咒：我要从明天就开始努力，决定了！

可是然后呢？

努力最难的部分从来都不是下决心的那一刻，而是那一刻之后，所有不为人知的辛苦、寂寞与迷茫。

我有位朋友因为高考发挥失常，被调剂到了"臭名昭著"的哲学系。从入学的那天起，她就决定要跨专业考研，报考自己心心念念的法律系。

她辗转弄到了法律系的课程表，风雨无阻地去旁听，几乎每个教室里都有她的"蹭课专座"。每堂课结束之后，她都会追着老师提问，法律系的很多老师对她都比对自己本系的学生还熟。

连周末也不能闲着，除了上辅修课程和参加模拟法庭辩论，本专业的学习内容她也不曾落下，天天驻扎在图书馆，比念高中的时候还忙。

她并不是那种不得不自食其力、在社会里挣扎生存的小孩，早在中学时，家里就已经有了好几套房产，就算不工作也能使得她衣食无忧。大二之后，父母更是早早地为她托关系找人脉，使她只要顺利毕业就能进一家国企，捧起朝九晚五的铁饭碗。

有次我们学校办一场法学研讨会，主讲人是美国某大学的知名法学教授。她知道后第一时间托我占座，凌晨五点就起身出发，坐了三个小时火车又换乘两趟公交，只为听一场一个半小时的讲座。

我看着她顶着硕大的黑眼圈，灌下一杯又一杯咖啡，运笔如飞地记着笔记，实在忍不住问她："你何苦呢？明明用不着这么拼，还要把自己过得那么辛苦。"

"可是学法律做律师是我从小到大的梦想啊。"她眼神灼灼，"身边的好多同学都说我傻，说我身在福中不知福。他们劝我接受爸妈的安排做一份轻松又稳定的工作，说对于一个女孩子来说，那就已经是最好的结局了。"

"其实这么想想也不赖啊。"她笑了起来，"可是人生只有退路哪里够。"

知乎上有个问题，叫"人这一生为什么要努力"，下面有很多高赞的精彩回答。

我曾经把这个问题发给她看，她秒回我一个大笑的表情，说："我好像从来都没考虑过为什么的问题耶……"

"仅仅只是不甘心而已吧，但是跑起来之后，谁还在会在意周围有没有掌声呢？"她这样说。

每一个最终能获得成功的人都一样，他们孤军奋战着，一个人在黑夜里走了很久之后，才会在某一个刹那看到那名为希望的光。

可我们大多数人，是忍耐不了这样的寂寞与黑暗的。

如果不能预知结局，宁可原地不动；

如果没有得到即时的反馈，就觉得自己的努力像是打了水漂；

没有人摇旗呐喊,就会陷入失落的深渊。

越是口口声声灌着鸡汤、打着鸡血,叫嚷着"这世界不会辜负你的每一份付出",心情就越容易像过山车一般忽上忽下,做起事来三天打鱼两天晒网。

心理学上有一个名词叫作成就动机,它是一个人追求自认为重要且有价值的工作,并使之达到完美状态的想法。它从来不能是被强加的结果,而是一个人发自内心的追求。无所谓结果,捱得过寂寞,不会像个斤斤计较的小贩去算计每一分得失,因为学会克服犹豫、惰性和懦弱本来就是努力过程中的必修课。

最终成就你的,并不是别人对你的期许和逼迫,而是你自己想要成为什么样的人。

通向成功的路注定没有似锦的繁花,你只能孑然一身,忍受疲累、迷茫和一切的艰辛。

但若是连努力都得让人劝,那你还是别努力了吧。

你就活该停留在下不了决心的那一刻,无能为力,却又备受煎熬。

最怕你两手一摊,还觉得理所当然

跟一个姑娘聊天,她抱怨起收入太少,买不起车房,单身的时候尚好,一谈婚论嫁便顿显窘迫。双方父母合力付了全款,小两口却得承担装修和添置家具的支出。她工作四年,工资月月不剩,信用卡上的账单也总是负数。她忧愁地问我:"有没有什么赚钱的好方法?"

她说自己在一家国企,贵在轻松随意且从不加班。我顺口就问:"那有没有考虑过下班做个兼职?"

"想过啊,但是做什么呢?"她说,"开 Uber 太累,刷单又太 low,没什么能拿得出手的才华与技能,这两年跟风开了个网店,也因为经营不善而关门大吉了。"

"那就在本职上谋求突破?虽然不可能一飞冲天,但工资能涨一点是一点。"我又说。

她回我长长的一声叹息："你不知道，我们公司能破格提拔的都是技术岗，像我这种文职类的工作，前头还有大把在岗位上待了十几年的老前辈压着，哪儿那么容易突破啊？"

"那就……跳槽？"我使出杀手锏。

"就我们这种岗位，哪有那么容易跳？"她立刻反驳，"在这儿待着好歹还有个轻松不累的差事，到其他公司，干的活比这儿多，福利还越来越少，也不划算的。况且到了我这个年龄，又还没有小孩，一般公司也不要……"

"那你就没考虑过学点什么其他技能？"我继续问。

"以前静不下心，现在结了婚，马上准备要宝宝，更没有时间学了。"她继续抱怨着现实的困境和腰包的窘迫，末了用一句话结尾，"我就是个普通人，活成这个样子，我也没办法。"

她显然属于我们都很熟悉的那群人：将生活的种种艰难一股脑地倒给你，十分不甘心，又好像在很虚心地求教，可无论你给出什么建议，他们都会用一千一万个理由驳倒你，努力让你认同他们的观点——看哪，我的生活就是这样，我没办法，你也没有，所以只能这样了。

就这样吧，带着不甘心忧郁地上床睡觉，第二天醒来，却依旧重复着前一天的生活。

我其实很能理解这样的无力感，无论多么努力的人，总会有被现实的照妖镜晃晕双眼的时候。在某个绝望而又使不上力的时刻，谁不想两手一摊，回报生活一个充满无奈的葛优躺？

我头一次感觉到无力，是在买车的时候。那是我工作的第二年，省吃俭用攒够了一辆车的首付，兴冲冲地逛了好几个车展，在4S店里一待就是一下午。

正准备拍板付款的时候，店里来了个姑娘。她的样子看起来最多比我大两三岁，却径直绕过我所在的中低端车系，直奔后排的跑车而去。当我还在为两千块的折扣跟销售小哥磨破嘴皮子的时候，那个姑娘早已潇洒地签完了字。她刷卡的神情是那么的轻松，好像刚刚只是在便利店买下了一碗关东煮。

我瞄了一眼手边那张单子上一眼数不完的零，从没有觉得生活那样无望过。

无力感如潮水一般扑面而来。

我懂得如何用心理学和经济学来跟销售小哥议价，懂得如何向上汇报、向下管理才能拿到不错的机会，懂得克制延迟、开源节流才能攒够首付的存款。可是我依然买不起那辆车，现在买不起，十年以后，可能也买不起。

我沮丧地回到家里，跟朋友聊起这一天的见闻，她隔了两个小时才回复我："不好意思呀，刚去学日语了，所以关了手机。"

我以为她会用比上不足比下有余的套路安慰我，可她连套路都懒得用，劈头就是一句："你试卷做完了吗？下周就要开始报名了。"

"你不觉得我们这样的努力根本就没有意义吗？再努力，也不过就是个普通人而已。"我有点恶毒地回复她。

"我知道啊，可生为普通人，是我们的错吗？

"我之所以努力，并不是为了超越那些生来就不普通的人，只是不想让自己所有的不甘心在几年之后变成无能为力。"

两年后的她跳了槽，从可有可无的行政变成了日资企业的翻译。为了配合团队的需要，她每天没日没夜地研究产品图纸，了解产品市场，分析竞品特征，逐渐成为了公司不可或缺的骨干。"

她原先的那家公司由于结构重组进行了大量裁员，看到毫无准备的昔日同事被一脚踢出安乐窝，拿着微薄的失业保险惶惶地寻找着行政工作，被挑剔年龄大、未生育、没技能，跟刚毕业的大学生抢饭碗的时候，她心有余悸。

"或许我一辈子也成不了那个买跑车的女孩。但我也很自豪啊，毕竟仅凭着一双手，我也能打拼出一个像样的世界。"她说。

改变生活是很难的，而我们在面对那些艰难时刻所做出的选择，会在无形中影响着我们的一生。

有个读者曾经气哼哼地给我留言，说："你们这些鸡汤文作者就是会胡说，说什么学个语言就能飞黄腾达、待遇翻番，参加个聚会就被男神一见倾心。哪有那么容易啊？我学英语都学了三个月了，单词背了几百个，除了课文之外，还是一句都说不出来。"

我看得失笑，却没有回复她的这段话。

是啊，哪有那么简单？

你只看到别人一夕逆袭，却看不到这一夕的背后，又藏着多少个日日夜夜。

进入瓶颈时的焦头烂额，进步甚微时的心灰意冷，看着别人追剧、打游戏心生向往时的烦躁犹豫，辛辛苦苦地学了好久却毫无用武之地的失落和懊丧，这是我们笔下每一个活生生的人都曾遇到过的情况。只是这些细节，不能与人言，也不足与外人道罢了。

你以为他们真的是幸运地等到了成功的那一天，撞到了那个机会吗？并不是的。是那一天终于等到了他们。

等他们宝剑藏锋，大步流星地勇往直前之时，那一天才会在生命的岔口向他们招手。

而对于永远庸庸碌碌的大多数人，它便会跟从前的每一天一样，也跟今后的每一天一样。

二十岁与三十岁，好像也并没有什么分别。

一个人是在什么时刻失去了光芒呢？

并不是遭遇惨败，摔了个狗啃泥，姿势难看地挣扎起身的时候；不是咬着牙、淌着汗，奋力前行的时候；也不是童话的泡泡破灭，发现自己没有魔法也没有内力加持，只是个普通人的时候。

而是在你两手一摊，说出"就这样吧"的时候。

湮没于人潮，被时光推着向前却毫无还手之力的背影，才是最难看的。

你也是那个看起来很努力的人吗?

别人学英语,你也学英语,每天看两集美剧、背五十个单词,可跟你一起学的人已经能操着流利的口语跟外国的同事开会,你却除了教科书上的对话,一句也不会说。

别人去健身房,你也开始跑步,每天雷打不动地跑五千米,可跟你同时开始的人已经练出了漂亮的马甲线,你却还摸着小肚腩感慨:我就是易胖体质。

别人考证,你也跟着考,给自己定下了每天学习一小时的目标,可别人已经通过了考试跳槽之后薪资翻了三番,你看完了第二本却早已忘了第一本的内容,只好尴尬地自嘲:人老了,记忆力也下降了。

不是完全没有收获的,只是明明也付出了不少,用逛街的时间来学习，用追剧的时间去健身，已经把自己搞得很累了，却并没有达成预想中的效果。

你百思不得其解，只好把这一切归咎于天赋和自己的懒。

可事实真的如此吗？

前几天跟一个姑娘约饭，她苦恼地问我："我今年的目标就是好好地做个公众号，可是认认真真地写了一年多，关注还不到五千，到底是我写得不好，还是其他地方出了问题？"

我没有直接回答她，而是反问："你为什么想要做公众号？"

她说："这两年不是大家都在做嘛，自己又读中文系，所以想尝试一下。"

"为什么大家在做的东西你也要做呢？"我又问。

她被我问得一愣，想了想才说："就是想跟班里的同学有点共同语言吧，毕竟大家都在弄这个，自己不做便好像掉了队似的。"

"如果只是这样的话，那关注人数的多少又有什么关系？"

"想让他们都羡慕我呗。"她有点不好意思地笑了笑，这样回答我。

我又问："那你有没有想过，要打造一个爆款公众号，你要写哪一方面的内容？排版和运营上怎么安排？怎么避免公众号的同质化？"

她又是一愣，甩给我一句鸡汤："没考虑过这些，我觉得尽力而为就足够了。"

可是，所谓的尽力而为难道就是熬到半夜才挤出一篇别人看不懂的推文?明明课业很忙还要咬紧牙关坚持日更?收藏无数的公众号运营课程,在排队打饭的当口还要见缝插针地上一节微课吗?

你的努力难以产生效果,并不是因为你笨或是懒,而是因为没能摆脱以下三个误区。

1. 因为别人都在做

李中莹老师在《重塑心灵》一书中,提到了一个大脑处理事情时的层次逻辑,它们从下到上依次是:环境、行为、能力、信念、身份和系统。

而我们对努力的思考,往往只局限于环境与行为这两个层面。

只关注别人都在做×××,大环境就是这样;或仅仅停留在机械的规划中,例如我需要每天背多少个单词,写多少个字。

你有没有问过自己以下的问题?

能力:我到底会不会运营公众号?我愿意为它付出多少时间和精力,需要补充哪些新的知识?

信念:我到底看中的是它的哪一方面,是额外收入、读者认同还是一个自由抒写的平台?

身份:我应该以哪种风格来实现自己的预期,是纯文学型、情感类还是影视八卦?

以及最重要的一点,系统:做这件事对于我来讲,到底有什么意义?

如果一个人的思考逻辑在某些层次上是空白的,那么这个人往往缺乏清晰的方向感。在此类情况中，这种人也就很难找到真正的努力动机，仍然停留在做表面功夫的层面上，因而收效甚微。

仔细用这个模型来思考一下你正在咬牙死磕的那件事，你真的清楚自己会不会做、如何做以及为什么要去做吗？

2. 你走的弯路，每一步都不算数

鸡汤文里有这样一句常见的金句：你所谓的弯路，每一步都算数。但其实在现实生活中，弯路不仅不会被计入努力的成绩中，有时候反而会成为拖后腿的一大因素。

听说情感文的市场好，就迫不及待地一头扎进"一个男人爱不爱你，就看这一点"之类的口水爆款题目中。写了一段时间发现传播不好，又开始学其他公众号添加漫画和音频，希望以此来吸引读者。自己每天花费好几个小时画画录音，文章的质量却往往不升反降。兜兜转转地绕了一大圈，最后觉得还是写文学评论来得顺手，但因为之前的折腾已经耗费了太多心力，便绝望地认为自己如何也做不出什么成绩，还是趁早放弃为好。

我们需要警惕蒙着眼一条路走到黑的偏执，但合理的规划却是努力长路上的一盏明灯。

你学英语是为了拿到一纸证书证明自己，还是为了能够流利地与他人交流？目标的微小偏差决定了不同的努力路径。若你的目标是前者，应该花更多的精力在单词量、语法和阅读理解上，而若你的目标是后者，重点则该放在听力和口语的练习上。

一个想要考证的人天天听美剧，一个以交流为目的的人闷头背单词，并不能说完全没有效果，只是你或许要绕很长一段路才能到达终点，而在这个过程中，你或许早就因收效甚微而心灰意冷，丢下书去跟朋友组队打起了游戏。

正确的努力姿态应该是在确认了目标之后，先规划出最合适且与能力最匹配的努力路径，用结果来衡量路径是否合适，而不是仅仅因为"别人都×××"就脑子一热推翻重来。

3. 为什么说"尽力而为"是一句毒鸡汤

试想一下，你曾多少次这样告诉自己：

"只要尽力试过就可以了。"

"要成为更好的自己。"

"每一天都要过得比昨天更好。"

然而总有人会对此提出疑问：

"尽力而为要达到什么样的结果？"

"更好的自己具体是指哪些方面？"

"如何衡量今天比昨天过得更好？"

每每被问起之时，你便会顿时哑口无言，不知道要说些什么。

我们常常用泛化的方向来要求自己，这就导致了努力的结果无法被量化。到了年终的时候，既定的目标一项也没有完成，但想想又觉得这一年也过得挺辛苦，于是便沾沾自喜地自我奖励。

像是先射箭出去，然后才在箭头的周围画上靶盘，看似皆大欢喜，不过自欺欺人。

我们的意识和潜意识既是朋友又是敌人,当狡猾的潜意识慢慢熟知意识的套路,明白了"其实不用很努力也可以获得奖励"的时候,它就会在无形中对我们的大脑作出暗示:不要这么累啦,已经做得很好了。而为了对抗这种无形的压力,我们又需要付出额外的心力来自律和自控。

这就是努力的结果一定要被量化的原因。

健身时不要关注每天跑了多少米,在健身房待了多久,而转向于要求自己体脂和体重必须达到某个数值。

学习时不要关注每天背了多少个单词又做了多少篇阅读,而转向要求自己在考试中必须取得多少分数。

用最直观的数字去量化努力的结果,才能找出失败的真正原因,从而倒推出努力路径上应做的调整。

别让自己的努力永远停在意识层面上。

那些第二代比你年轻还比你优秀，你凭什么不努力？

一向懒散的小 U 破天荒地在微信上发来一长串问题，询问有关雅思考试的事，末了附上一张报名确认函的截图，颇有几分咬牙切齿的模样。

"明年四月我要是考不到七分，请你吃十顿自助餐，最高档的那种。"

"这是看上了哪个高不可攀的男神了？"我打趣她。以往对话的情景仍然历历在目。

她毕业之后去了一家大公司做财务，不至于清闲到喝茶看报，但每天朝九晚五倒也过得挺舒服。刚开始的时候她还会看看书准备一下行业内含金量颇高的 CFA 考试，时间久了便自然而然地生了怠惰，每天只以追剧和逛街来打发时间。

我旁敲侧击地劝过她几次，但都被她满不在乎地摆摆手，挡了回来："我周围的同事还不都是这样一天天混过来的？也没见人家过得差到哪儿去。好不容易毕了业，为什么还要那么累？就这样了吧，反正像我们这种职位，就算是天塌了也塌不到我头上。"

"就算不那么努力也能过得挺好的呀，对吧？"她眨巴着一双大眼睛问我，而我被这一句话堵得哑口无言。

"你还记得我去年跟你说过，我们部门来了个刚毕业的富二代的事吗？"

"她现在是我们部门的主管了。

"她比我小五岁啊，我比她早毕业的这几年，倒像是白活了。"

她连着发来的几条微信将我拉回了现实。

你知道最让人意难平的是什么吗？

并不是有些人从出生的那一刻就领先于你，而是他们明明对自己的优势心知肚明，却还是一直在向前跑，比寻常的我们更努力也更拼命。

小 U 是在那个女孩入职半年左右的时候，才偶然得知她的情况。那天的小 U 正在逛街，碰巧遇到了加班晚归的她。她正开着一辆崭新的奥迪 A6，摇下车窗跟小 U 打招呼的时候，车里的广播正放着难懂又拗口的 BBC 新闻。

为了避免同事间的议论,她特意把车停在另一栋写字楼的地下车库里,每天下班都要走十分钟的路。而她几乎每天都是来得最早、走得最晚的那一个,就连新人必经的打杂阶段也都是笑嘻嘻地熬了过去,丝毫看不出一点富二代的骄矜和傲气。

看到小 U 惊讶的神情,她倒是不好意思起来,特意叮嘱小 U 不要告诉其他同事。她解释说,家里虽然有公司,但是从父亲那一辈起就已经交给了职业经理人管理,刚毕业的自己也不好走后门进公司,所以才想着先找一份工作历练几年,积累一些经验。

"其实我压力也蛮大的,毕竟现在社会上对我们这些二代都不大看好,将来我回公司去了,总不能丢了我爸爸的脸,让别人觉得我只是靠关系混进来的吧。"

她叹着气揉了揉眉心,愁苦与压力都不似假装。小 U 忽然想起她刚入职那会儿连着加班好几周,除了日常的杂事之外,还经常问他们一些本职之外的问题:"公司对供应商财务状况有没有风控措施呀?如果我们可以把现在合同上的贸易条款 FOB(船上交货)改成 FCA(货交承运人),一年下来可以省下很大一笔钱呢。"

而这些问题,却常常被小 U 她们几个老前辈嘻嘻哈哈地搪塞过去:"这都是老板们考虑的问题,跟我们没关系啦。咱们就是当一天和尚撞一天钟,每天把手头上的事干完就行了……"

"也不是一定要跟她比个高低,就是忽然觉得有点后怕,再这样下去,等到自己真正被拍死在沙滩上,还不知道自己是怎么被淘汰的。"

她周末窝在家里做完一整套雅思真题之后,给我发来了这几句话。

"若她纨绔膏粱,若她仗势欺人,若她不学无术,至少还能将这一切归罪于社会的不公平。可人家毕业于985,业绩比我好,英语比我溜,这么低调谨慎还这么拼命。像我们这样的人,还有什么资格不努力呢?"

你有想过自己会在三十五岁的时候失业吗?

有人在微信群里抛出这样一个问题,一个在互联网企业做前端研发的朋友给出的答案给我留下了特别深刻的印象:

"看着公司一波一波地进新人,便忍不住每天都在担心这个问题。那些孩子年轻,学得快又有拼劲,他们在互联网的环境中长大,语言上有优势,还没什么家庭负担,可以全身心地投入到工作中去。而我们除了一身房贷、车贷和快要过时的技术,还剩下什么呢?"

可惜这句话很快就被更多的打诨插科所淹没:

"怕什么呢,三十五岁的又不止你一个人,天塌下来高个子顶着呢。"

"又不能返老还童,想这些也不过是庸人自扰,还不如回去多抱会儿娃。"

"都说九五后和零零后不靠谱,他们再能干也超不过我们。"

你知道一个人是怎样一点点被中年降服的吗?

就是当他周围的所有人都失去了斗志,除了眼前名利和安逸之外再不愿往远处看一眼,一个个都向生活低头,然后反过来劝说你:努力有什么用？还不是只有平凡的一生而已。

我忍不住向他发出私聊，对他的回答表示赞同。而他回了我一张图片，那是乐视裁掉一整个部门时，只有少数优秀的人很快便收到了猎头的 offer，剩下的那些则出现在记者的镜头里，一脸的愤怒、无助和迷茫。

"这张图片被我设成了手机屏保。"他说，"每当想颓废、想偷懒、想混吃等死的时候，我就会掏出手机来看看。"

你永远也无法叫醒一个装睡的人。

吴伯凡老师在他的专栏里提到过职场核心竞争力的三大维度：有相应的市场价值、可转化到其他领域以及可后天习得。

而我们有多少人正做着鸡肋的工作，靠吃老本度日，以"与我何干"为借口，对与本职无关的领域不屑一顾乃至嗤之以鼻呢？

戈尔巴乔夫曾说过：最可怕的敌人往往来自于我们内部。

打败你的，从来都不是比你年轻还比你努力的富二代，而是十年之前的你自己。

从你放弃进取、束手于现状并开始人云亦云的那一刻起，你的失败便已是注定的结局。

你一身洪荒之力，却没有起床的勇气

双十一打折，你囤了好几百元的书，把书架堆得满满当当，满脑子都是自己在知识的海洋里欢快遨游的身影。你制定了详细的计划，信誓旦旦，决定从明天开始，每周都要读完两本书。随后，你满意地拍了拍手，对自己说："就这么决定了。今天加班这么辛苦，就先看两集电视剧吧，读书的计划明天再开始。"

双十二打折，你看着书架上没开封的书犯了难。不买吧，优惠券作废可惜，可要是买吧，又不知道什么时候才能看完。

一咬牙、一跺脚，又欢快地挑了十几本，付款后赶快从书架上拿了一本出来，翻看了一下午还做了笔记，被自己的勤奋感动了，忍不住发了一条朋友圈。

一个小时，两个小时，三个小时。

你保持着每十分钟刷新一遍朋友圈的频率，却依然只有那么零星的几个赞。眼看天光渐暗，早上翻开的书还有一大半都没有读完，而你说："不着急，明天再接着看。"

你在朋友圈看到一篇讲自律的文章，故事中的女主角从一百四十斤瘦到了九十斤。你看着人家瘦下来的照片心生艳羡，当即便立志要启动减肥大计。你在淘宝上买了整套的装备，将自己上周囤下的零食一股脑地打包起来，准备送去给同事。

忙完所有已是傍晚，你抹了一把汗，感觉有些饿了。你点完外卖忽然想到自己要减肥这码事，然后安慰自己说："没关系，今天已经动得足够多了，这是最后一顿，明天开始就清淡饮食。"

可是好难哦，朋友聚会，公司聚餐，下午茶时同事亲手烤的小糕点是那么诱人。

第一次你没有忍住，又一次，再一次，眼看到了年终，而你腰上的赘肉依然不离不弃地跟着你，你说："明年吧，从一月一日开始，我保证每天跑五公里，再也不吃饼干和糖了。"

你跟朋友相约学英语，每周末去附近大学的英语角练习，可还没坚持几次，你就开始以各种理由推掉朋友的邀约。

"拜托，这可是周末哎。"

要社交，要逛街，喜欢的韩剧更新了，要睡懒觉，要约会……

可是偶尔在下午睡醒，看着窗外摇曳的树影时，还是会生出几分不安。于是你立马在朋友圈里翻出别人之前推荐的课程，果断报了名，在点击付款的那一瞬间，觉得自己的英伦口音可以媲美艾玛·沃特森。

"可怜我空有一身洪荒之力，却没有起床的勇气"，我在朋友圈看到这条感慨，立刻心有戚戚地点了个赞，留言说："我也是。"她飞快地回我一个捂脸的表情，说："明年一起加油。"

可我们都知道，明天，下个月，乃至明年，都不会有什么改变。

直到下一个十二月，我们又会在朋友圈相遇，互相安慰道：没事，我的计划也没有完成。

北岛有首诗这样写：

> 那时我们有梦，关于文学，关于爱情，关于穿越世界的旅行。
> 如今我们深夜饮酒，杯子碰到一起，都是梦破碎的声音。

而梦是从哪一刻起开始出现裂痕的呢？或许就是我们每次说着"下一次""明天吧"的那一刻。

马尔科姆·格拉德威尔在《异类》中，写到这样一个观察。

加拿大国球为冰球，冰球运动员的培养实行精英教育体制。数以千计的孩子在上幼儿园之前就已开始了冰球的启蒙教育。小球员首先按年龄分组，在每个年龄组内又按能力高低分成不同级别。

进入冰球职业青年队的机会不是用金钱买来的，也不能靠父母或家族的势力,只能靠自己的实力去争取。实际上,即便你住在加拿大北部最偏远的地方也不要紧,只要你有能力,球探们就会找到你。

可两位心理学家却从这一十分公平的选拔方法中,发现了一个有趣的规律——职业青年队绝大多数球员的生日集中在1月、2月和3月。

并不是说一年的头3个月有什么特殊的魔力;真正的原因是,加拿大冰球队按年龄分组所依据的分界线是1月1日,即从1月1日到当年12月31日之间出生的球员将会被分在同一组。也就是说,一个1月1日出生的选手,是在跟许多年纪比他小的队友争夺晋级权——在青春期到来之前,由于有将近12个月的年龄差距,球员之间在生理成熟度上将会表现出巨大的差异。

职业冰球队员一开始只比最初所在球队的队员好一点点,然而这微小的优势带来的机遇,扩大了他和那些队友之间的差距,随后差距与机会交替发挥作用,微小的差距被越拉越大。

社会学家罗伯特·默顿援引《新约·马太福音》,把这种现象叫作"马太效应"——凡是有的,还要加给他,叫他有余;没有的,连他所有的,也要夺过来。

在社会学领域,所谓成功就是"优势积累"的结果。

没有谁和谁的差距是一天之间就形成的,每一个周末、每一天乃至每一个小时的不同选择,才会最终让人与人之间出现鸿沟。

我以前上学的时候,很崇拜那些平时疯玩,只在考试前看一两周书就能拿到好成绩的"学霸",可毕业之后,却更加喜欢那些可以时时保持勤奋和认真的人。

他们不显山不露水,努力的成果也并不灿烂辉煌,可在那日复一日的重复和坚持里,总是给人一种质朴又安心的感觉。

因为努力成为习惯,所以不大会轻易地把自己感动得痛哭流涕。

因为上进成为惯性,所以即便遇到了瓶颈,也不至于需要先灌鸡汤再打鸡血,还没开始做,先把自己折腾掉一层皮。

无需以豪情壮志开始,亦无需洪荒之力的加持,他们的成功不是因为某个时刻、某个机遇而达成的。并不是机会降临于他,而是他已经磨剑太久,才得以改变那个本来平凡无奇的时刻。

我从前总觉得"一个能每天早晨六点起床的人,能做得成天底下所有的事"这种话只是一句鸡汤,可现在我相信了。

你如何过一刻,便如何过一天。

你如何过一天,便如何过一生。

你总是对别人太用心，对自己不用力

跟一位读者聊天，她抱怨起新工作中的种种不如意。

晋升通道狭窄，老板吹毛求疵，薪水不上不下勉强维持着"月光"，还得应付办公室里复杂的"政治"斗争。

她叹了口气："听说被塞到我们部门的大多数都是关系户，人家有靠山的每天怎么混都没关系，倒是我，整理一份文件连即时贴的颜色没贴对都要被老板臭骂一通。"

我劝她："你就这么确定人家都在混？说不定别人有什么省时省力的高招呢。你才入职五个多月，还是先别戴着有色眼镜给别人贴标签了，看看有什么自己可以学的地方才好。"

她乖巧地应了声"是"，很久都没有再找我吐槽。

近半年过去,我已经把这件事抛诸脑后忘得一干二净,前两周她又在微信上找我,开口就说:

"姐姐你还记得我之前跟你说过,我们办公室有人走后门的事吗?

"我总算弄清了,我们部门六个人,一个是财务总监的侄女,一个是研发主管的弟弟,一个好像是老总的小三,还有一个是我们年单大客户的亲戚。

"上个月二十三个工作日,他们只有不到五天按时上下班,剩下的日子不是迟到就是早退,来了也不好好工作,只会走来走去地聊天或者上网逛淘宝。

"我已经加了好几个月班了,可是上个季度的绩效奖也被老板偷偷拿去做了人情。"

我有点好奇,问她:"你是做人力工作的吗?怎么对别人的背景、出勤和奖金知道得这么清楚?"

"我就坐在门口的位置啊。"她说,"他们每天上班和下班我都会看一下表。奖金的事也是我偷偷找财务部的姐姐打听到的。"

"至于他们的靠山,都是我自己摸索出来的。"她有几分得意地说,"我假装跟他们聊天套近乎,多问几句就套出来了,有时候偷偷跟着他们下班,看看他们最后都跟谁见面。我还偷偷查了他们的简历,有的人连大学都没上过呢……"

细致精准又隐秘,仿若福尔摩斯在破案。

然后她用一句并不让我意外的感慨总结了这段时间的调查:"人生怎么这么不公平啊。"

我中途几次想打断她，问一句"那你准备怎么办"，却始终没有机会。而当她给出这句结论之后，我才忽然发现，从头到尾，她并不是来找解决方法的。

她很沮丧又很愤怒，可是却也只有沮丧和愤怒，绞尽脑汁地去证明别人有靠山，别人学历和业绩都多差，并不是为了反击或者改变，而是为了强化已知的一个事实：

这世界不公平，这人生糟透了。

然后，也就没有然后了。

费尽心力证明了世界的偏颇与人生的糟糕，然后却放任自己将错就错。

我刚工作的时候，亦是每天将眼光和心思放在别人身上，逢人便抱怨：

×××今天又巴结老板了，像我这种不会拍马屁的人总是被排挤；

×××跟财务主管是亲戚，每次报销都把自己的私人开销加进去；

×××整天迟到早退还没人批评他，肯定有背景。

这抱怨所向披靡，听到的人往往会出于礼貌地感慨一句："真是的，怎么会有这样的人啊。"

有次跟一位姐姐约饭，其间聊起工作，我又开始旧事重提，她还没等我说完第一句便毫不客气地打断了我："对啊，这就是你现在的处境，那你怎么办？你想要怎么办？要斗还是要走，阴谋还是阳谋？有没有本事跳槽到更好的地方去？"

我被她问得目瞪口呆。这些问题，我从来都没想过。

收集这世界不够好的证据太简单了，它会带给人一种虚假的满足感：工作/生活这么差劲，我能做到这样已经很不容易了。

这是我们无意识中所采取的防御机制，明知这个世界不够好，还要绞尽脑汁地搜集所有证明它不够好的证据，然后放任自己陷入"愤怒——颓丧——无力——愤怒"的无限循环。

李松蔚老师写过这样的一段话：

一个人从面对事实到能够发自内心地接受这个事实的存在，还需要度过或长或短的一个时期。有一些人面对问题，会卡在这个特殊的时期，"怎么可以有这种人？"好像在跟命运讨价还价一样。

他们把绝大部分的能量都放在了自己的委屈上。

这是一道心理上的护城河。他们先是树立了一个规则，"这件事是不应该的/不合规矩的/人神共愤的"，然后借着这份委屈反复地强调这个规则。仿佛只要有这个规则存在，他们心里就可以保有一份安定和可控感。

可是那虚无的可控感，跟真正可以掌控自己的人生依旧是不一样。

之后每当我再次想要开口抱怨时，总会想起这句反问：

那你要怎么办呢？

要忍，要争，要走出泥潭，还是要落荒而逃？

与其对别人用心，不如对自己用力。

改变自己总是痛的，但这痛，远比麻木值得。

弱太久就是你的错

一个姑娘深夜找我吐槽,感慨世道艰难、天地不仁。

她毕业三年,在一家创业公司上班,每天都忙得要死,几乎天天踏着晨光来踩着暮色走,连谈恋爱的时间都没有,却没承想,今年年初手上的项目被一个来自北大的新人横刀夺走。

她忿忿不平:"他肯定是有靠山的,老板明明知道整件事的始末,却也只是轻描淡写地安慰了我两句,一点批评他的意思都没有。"

郁闷的事不仅仅来自于职场,生活中也是诸多不顺。

她租的那间小公寓楼上漏水,前往协商时楼上的邻居态度非常恶劣,用眼角瞟着她,说:"不就是个租房子的吗,还这么多事,这小区本来就是老楼盘,漏点水有什么大惊小怪的,住得不满意可以搬走嘛。"

在她给物业和房东轮番打了无数个电话之后，水倒是不漏了，可房东又提出下个季度开始涨房租的要求，她不得不重觅住所，搬到了离公司车程一小时的小区里。

那条路上有两家小学，每天早高峰时都会堵成一锅粥。她每天提前半小时出门，却依然迟到了三次，全勤奖泡了汤不说，还被扣了钱。

"不过就是起点低了些，不如他们名校毕业的光鲜亮丽，也没有大企业的经验背书，又没有人罩着，只能处处受打压，事事不如意。"她最后说。

这抱怨若是来自于不谙世事的应届生，倒还情有可原，一个在社会上摸爬滚打了三年的成年人，对困难的认识居然还仅仅停留在抱怨的层面上，也着实让人着急。

哪里有人仅仅凭借关系就能横刀夺走他人的劳动成果？不过是她投入太多却汇报太少，而老板看在眼里急在心里，正好顺水推舟地换了人。

在一个岗位上待了三年，即使算不上骨干，也应当有了不可小觑的职业竞争力，或强在专业技能，或强在人脉资源，或强在沟通协调，而在她的叙述中，却只有无条理的忙乱。

我身边有很多朋友在工作第三年的时候都搬了家，从群居变成了独居，因为薪资和奖金已经能够支持他们去寻求更好的生活环境。可是她，却因为二百块的涨幅从市中心搬到了郊区。

而当我委婉地问她"是不是可以先提高一下自己的职场竞争力，再考虑其他问题"时，只换来她的一声长叹："你以为我不想吗？可是身为弱者，我也无可奈何啊。明明都已经这么惨了，为什么生活还要如此对我？"

我上中学的时候，楼下有一位做生意的叔叔。这位叔叔因经营不善赔了一大笔钱，在附近的油漆厂里打工，别的工人为了方便，每天都穿着满是汗味和油漆印的工装回家。可唯独他，下班后会在厂里换回便装，把自己收拾得干干净净才走。他那连头发都一丝不乱的模样，不像是在厂里劳作了一天，倒像是轻轻松松地去开了个会。

他对油漆行业一窍不通，却买了许多大部头的书在家自学，书上记满了笔记，那刻苦劲儿倒像是那家油漆厂的老板。

我常听到其他邻居们议论："人都混成这样了，还拿什么知识分子的架势，不就是个临时工，挣个糊口钱罢了，也至于这么认真。"他听到这样的话也只是一笑而过。

有次听到他跟我爸妈聊天，他说："人越是在困境中，越不能让自己看上去太落魄太惨。弱者固然让人同情，但只有当别人知道你还想着要爬起来时，才会伸出手去帮忙。"

后来我家搬离了那个大院，而他也已东山再起，重新在附近的学校门口盘了一家小超市。他的合伙人，就是那家油漆厂的老板。

亦舒说，做人最重要的是姿态好看。

并不仅仅是为了面子或者形象，更是一个人面对困局时的态度。

你可以打倒我，一次又一次，但我还是会再次爬起来。

是的，我曾是弱者，但是我不会一辈子都这么卑微下去。

有这样一个人，他出身贫寒，全家给地主当差才能换得勉强果腹的机会，长到十几岁，却又赶上了大饥荒。为了谋生，他跑去庙里做了和尚，不久，当地闹饥荒，寺里得不到施舍，住持只好打发和尚们去云游化缘。他沿路乞讨，流浪了三年才回到寺中。

没有家，没有钱，甚至没有一技之长，在那个"天地不仁，以万物为刍狗"的年代，弱小得像是一棵随时都可能被碾碎的野草。

这世界从不曾给予他一丝的温情，甚至还落井下石地为他平添了许多波折。那是我们仅凭想象就能判断出颜色的黑暗人生，但依然有人能够从这样的人生中胜出，这个人便是朱元璋。

还有另一个人。

他出生在一个还算富裕的犹太家庭，却被第二次世界大战毁掉了童年，全家被驱逐流浪，父亲也死在了集中营。他被迫中断了学业，跟随一贫如洗的母亲去了美国。母亲靠做点心赚钱为生，而十几岁的他，也不得不去工厂打工补贴家用。

在最该接受教育的年龄，他没有念书的机会，在最该被关怀的年龄，他也得不到温暖的庇护。他想做律师，可是浓重的方言口音却成了拦路猛虎，他想做医生，却无力承担医科大学八年昂贵的学费。

他本可以顺理成章地成为一个无所事事的街头混混,可他并没有。

他自学了从小学到高中的所有课程,申请了 MIT 的全额奖学金,成为了研究人工智能的专家,被誉为数据驱动研究方法的祖师爷,Google 至今都有以他的名字设立的奖学金。

这个人的名字叫作弗莱德里克·贾里尼克。

生活是一场漫长的拉锯战,它在意的,并不是刚开始的时候你是强是弱,而是你最终是否能够靠自己的力量起身,坦荡地去迎接所有的困苦和挫折。

这世界对谁都不仁慈,可你知道它什么时候才是最残酷的吗?不是在一个人手无缚鸡之力之时,也不是在他穷困潦倒之时,更不是在他被命运的洪流冲得东倒西歪之时。而是在他习惯了将一切的不如意归咎于自己的弱小却又安于现状,只会推诿抱怨,却无力改变和摆脱困境的时候。

在我们的身边,这样的人并不少见:

因为工作不如意,所以更加懈怠,一边抱怨公司渣、同事坏、工资低,一边不思进取,不断地被边缘化;

因为生活不如意,所以更加懒散,将所有的希望寄托在另一个人的身上,急巴巴地上赶着做别人的寄生虫;

因为婚姻不如意,所以自暴自弃,任凭岁月胖了腰身、老了眼角、笨了头脑,埋怨着配偶的种种缺点,却放任自己在这样的泥潭中越陷越深。

每一天都不快乐，每一天都没希望，你被它困扰得发狂，它却对你无情冷笑。

这世界不是故意要伤害谁的，但它毕竟要随着时间的滚动不断向前。有时伤害之所以发生，只是因为那个人总是躺在原地，碍了它的路罢了。

而生活它从不塑造，只是顺应了我们的自我期待而已。

你的世界，就是你的选择。

Part 3
别把没教养，当作有力量

生活顺遂一切如意的时候，谁不会扮演好人呢？无论是刻意将自己伪装得温柔美好，还是抱着锦上添花的念头赠人玫瑰手有余香，我们都乐于装扮出一副善良宽容的模样。

可最考验人性的，偏不是人在顺境中所展现出来的面貌，而是看一个人失意之时，会如何安放他的善良。

别把没教养，当作有力量

大隆约我们吃饭，席间说自己失了恋。

他心仪一位貌若天仙、身材高挑的女神许久，从辗转要到女神的联系方式开始，就每天在微信群里花样打滚求撩妹技能。他使出了浑身解数穷追猛打三个月之后，终于把女神追到了手，然而牵手成功还没满一个月，这就冷不丁地爆出了分手的消息。

大家七嘴八舌地发问：

"是不是闹了小脾气？"

"是不是前男友横刀夺爱？"

"是不是操之过急把姑娘吓着了？"

"是不是姑娘的父母不同意？"

"都不是，分手是我提的。"大隆满脸黑线地叹了口气，"要说这事吧，还得从我们公司上次团建说起……"

他们团建的地点选在附近的一个自然风景区，本意是为了避暑，却没承想那两天正好下雨，一行人拍完照看完景回来，衣衫尽湿，鞋袜沾泥。女神作为家属参加活动，一路上不停地抱怨，大隆使出了浑身解数哄她，才换回了短暂的安宁。

由于原定的徒步登山无法继续，活动的负责人紧急联系了附近的一家宾馆，订了钟点房让大家休息。然而，等到大家吃饱睡足，退房准备返程的时候，却出了问题。

事情出在女神住的那间房，房间里的浴巾被她拿去擦了鞋底。酒店的服务员拿着那条惨不忍睹的浴巾跟她当面对质，女神牙尖嘴利的反驳响彻整个大厅："我住酒店掏了钱，为顾客服务是你们的职责，又不是什么洗不掉的东西，凭什么不让我退房？我这一双鞋好几千块，用你们十几块钱一条的浴巾擦擦怎么了？你们又没有明文规定不能拿浴巾擦鞋。"

服务员气得满脸通红，却说不过她，而值班经理看他们人多，又不想把事情闹大，只好让他们退房了事。姑娘得意洋洋地环顾众人，说："这些小地方的人，就是无事生非，欺软怕硬。"

每个人身上都带着雨水和泥渍，唯有她全身都干干净净的，可看着女神一身的明亮爽洁，他却像吞了只苍蝇一样感到恶心。

他早就知道她的大小姐脾气和公主病，甚至做好了包容她一生的心理准备，可任性娇憨是一码事，没教养又是另一码事。

恃强凌弱，无理取闹，自私自利。

回来之后，他对她冷淡了不少。两人吵了几次架，大隆明里暗里屡次提出想要体面分手，姑娘嘴上不说，背地里却将他当初追她时所说的情话一张张截屏发到朋友圈，编出一套他骗财骗色始乱终弃的说辞。这让他白白被旁观者看了笑话，就连几个不明真相的他们共同的好友，言语间也对他没了好声气。

他百口莫辩，只好苦笑一声感慨自己有眼无珠。一个人的美貌固然是加分项，可是教养，却是做人的及格线。

我单身的时候，有朋友介绍自己同事的哥哥给我认识，说是英国留学回来，拿过全额奖学金，一口伦敦音优雅迷人，人也英俊潇洒，才华横溢。

我拗不过她的热情，跟这位学霸见了一面。在第一次见面的过程中，他举手投足之间满是极其绅士的英伦范儿，口才也极好，天文地理、趣闻轶事几乎无所不知，所以我对他的第一印象非常好。

周末他约我看电影，我欣然应允。散场出来的时候外面下起了大雨，他伸手拦了一辆出租车，说要去附近的一家咖啡馆避雨。那家咖啡馆恰好在一个十字路口，他随便指着前面的某个地方，让司机靠边停下。

司机随口回答："这儿有双黄线，车又多，要不再往前开一点吧。"

我正准备应声，却听见他拔高了声音："不行，你别想拉着我们兜圈子,就在我说的地方停,一步都不能差。"

司机急忙解释:"没几步路的,这边真的停车不方便,你看我要是停在这儿,后面的车都得停下,而且一会儿也不好掉头。"

他依旧不依不饶,司机只好停车。刚刚停稳,这位仁兄又开口:"再往前开半米,停到那个井盖旁边。"

雨越下越大,视线本就不好,那司机折腾了好几次才终于让他满意。他慢吞吞地掏着钱包,掏出一张五十施舍一般甩了过去,带着天之骄子特有的轻蔑和傲慢说道:"你不就是个司机嘛,我让你停哪儿你就停哪儿,哪来这么多废话,这钱不用找了,给你长记性。"

那位司机五十多岁,年龄跟我爸差不多,被他羞辱得满脸通红,捏着那张纸币犹豫了几秒,却还是低头装进了钱包里。

他转头得意扬扬地对我说:"我就知道,他一个卖苦力的,还能有什么脾气。"

到家之后,我立刻拉黑了这个人,同时给撮合我们的姑娘打了招呼,今后请千万别在我面前提起他。

我可以接受我的另一半不懂康德也不懂尼采,没留过洋或长相平平,但却不能忍受他基本教养的缺失。可以就事论事地争辩,但也应对他人报以最起码的尊重,一个以羞辱弱者为乐的人,又能有多大的心胸和多好的脾气。

有次跟一个小姑娘聊到择偶条件,她坚持认为男方的家世和收入才是第一准则,很不服气地反问我:"难道教养好就能保证永远不分手吗？既然未来都是未知数，经济条件才是硬通货。"

可是，跟一个有教养的人谈恋爱固然无法保证一生一世，至少可以避免被卷进心机和牢骚的漩涡，不用提防对方一言不合便拳脚相向，也不必担心分手之后的聊天记录会不会成为一颗定时炸弹。

而恋爱中最有力量的是什么呢？

并不是靠呼来喝去、颐指气使来彰显自己的男子气概，也不是以眼高于顶、无理取闹和一身的公主病来彰显自己有多重要。

它是两个人教养和理智的结合，而不仅仅是荷尔蒙产生的碰撞。

若是一个人连自己心底的那点软弱和傲慢都无法战胜，便很容易沦为戾气的俘虏，进而生活得越来越狭隘和苍白，人也会变得越来越草木皆兵。而跟这样的一个人相处，又如何能期冀美好的未来生活呢？

好的爱人，可以抚平另一半所有的猜忌，打破不安和困囿心灵的四壁，带着你看到更蓝的天、更美好的人心和更广阔的天地；而糟糕的伴侣，则会让你的生活一直向内收缩，目之所及都是生活中的鸡毛蒜皮，只看得到未来的无望和人心的逼仄。

爱或许始于激情，但请别让它终结于教养。

一个人的修养，看失意时的善良

去年冬天，有次从健身房出来发现忘带了手机，于是回公司去取。刚走到办公室门口就听到尖利的女声在训斥着什么人，我寻着声音找过去，看到送外卖的小哥正一脸懊丧地连连道歉，手中捧着个带汤的塑料餐盒，已洒了一些，汤汁还在顺着他的手套往下滴。那个女声却依旧不依不饶："我不管，反正这份我不要了。我要投诉你，送个外卖都不会，你还能干什么？"

无视外卖小哥一脸无奈的赔笑，她转身就往里走，正巧和我撞了个正着。她是个来公司还没多久的新人，平时端的是一副温婉柔顺的小白兔的样子，见我撞破了她的伪装，顿时尴尬不已，急忙跟我解释："我六点钟叫的外卖，现在都七点半了才送来，就想喝口汤，还洒了这么多,袋子上汁汁水水的,看上去好恶心。"

见我笑而不语,她又说:"我今天真的太倒霉了,早上迟到被老板撞个正着,做了一半的 PPT 正好赶上电脑蓝屏,加班到这会儿好不容易快弄完了,又累又饿,这才没忍住发了火。"

"姐姐你知道的,我平时不是这样的。"她偷觑一眼我的神色,补充道。

我认识一个男生,一向是朋友圈里的好好先生。认识他两年多,屡次聚会吃饭,席间多有出格的玩笑话,却从没见过他跟谁红过眼、翻过脸,堪称脾气好、修养好的典范。

直到一次聚餐,他当着众人的面跟心仪的姑娘表白被拒绝,立刻便起身告辞。我跟另一位朋友正好在外面聊天,看到他从车库里出来,老远就不耐烦地按起了喇叭。车库的管理员动作慢了一些,他就从车窗里探出头破口大骂。那天正好下着雨,路边多有积水,而他依然不管不顾地加速,从一个背着书包的小学生身边扬长而过,溅了那小孩一身泥水。

我们两个旁观了全程,惊得目瞪口呆。

他可是走在路上都会主动捡起烟头扔向垃圾箱,即便跟耳背又顽固的大爷大妈说话都能始终面带微笑,连服务员过来收碗筷都不忘记说谢谢的人啊。

这一晚,却像是变成了另一个人。

生活顺遂一切如意的时候,谁不会扮演好人呢?无论是刻意将自己伪装得温柔美好,还是抱着锦上添花的念头赠人玫瑰手有余香,我们都乐于装扮出一副善良宽容的模样。

可最考验人性的,偏不是人在顺境中所展现出来的面貌,而是看一个人失意之时,会如何安放他的善良。

我很喜欢《红楼梦》里的一个片段,黛玉和宝玉拌了嘴,即使生着气,还不忘叮嘱侍女紫鹃:"看那大燕子回来,再把帘子放下来,拿石狮子倚住。"

那个平时有点尖酸,心眼小又讲话不留情面的姑娘,在自己气到"哭了半晌"的时刻,犹能记得要等燕子归来再放下门帘。

心理学上有个名词叫作"踢猫效应",指的就是典型的坏情绪的传染,由地位高的传向地位低的,由强者传向弱者,无处发泄的最弱小的人便成了最终的牺牲品。

而在失意之时,也能不轻贱比自己弱小的人或物,不拿别人撒气,在翻涌的情绪中依然保留一丝悲悯与自制,这是善良。

我有位做公众号的朋友,有天忽然发了一条消息,大意是自己有些事情要处理,所以要停更一段时间。过了半年多她才出现,更新了一篇游记。

我随口问:"你这半年是闭关修炼,去游览大好河山了吗?"

"并没有。"她笑了笑,说,"是上次去杭州那边看房子,顺便在周边逛了逛。"

"你要搬走了?"我问。

"是啊。"她说,"男朋友没了,工作也没了,三年积蓄一夜回到解放前。或许这正好是个重新开始的好时候,刚好在杭州找到了一家不错的企业,就想着搬过去生活一段时间。"

她说得轻描淡写,我却听得胆战心惊。男友劈腿,假借开公司之名邀她入股,却一夕之间连人带钱消失得干干净净,连带顺走了她保险柜里的几万公款,导致她被公司开除,连当月的房租都交不起,在地下室里住了三个多月。

不敢想象,一个独自生活在外地的女孩子,这段日子是如何熬过来的。作为朋友,我居然毫不知情。我有点愧疚地在微信上包了个红包给她,她没有点开,回了我一句话,说:"一切都过去了。"

天知道,我有多佩服她的冷静自持。

人往往自带放大苦难的属性,生活中稍不如意,就能被夸张成一场天灾人祸,让全世界都知道自己的难处,从而合理化自己的一蹶不振或者歇斯底里,恨不得让举世同悲,以此来渲染自己的失意。

可她却不是这样。她的心底自带一个铁笼,将那些悲伤和苦难全都装进去,不让它们乱跑一步,也不将它们放大分毫。

我之前写过跟一位女友绝交的故事,她失恋之后消沉了半年之久,每日约我聊天无非是以泪洗面痛骂渣男,各种借酒撒泼极尽花样drama之能事。我只要稍微劝她一句,或是表情不够悲伤,就会立刻遭到她泪眼朦胧的埋怨:"你怎么也不帮我!"

这种状态持续到第八个月的时候,我拉黑了她。

我从不以把她丢在失意的低地独自离开为荣，但若让我再选一次，我依然会毫不犹豫地做出这个选择。

我们的一生从来都难免波折，而不耽于情绪、不把身边人拖下水、不强求他人感同身受，这便是善良。

我们每个人或多或少都曾陷入人生的低谷，想尖叫，想骂人，想砸东西，想拉着全世界陪自己一哭，这都是人之常情。

而我们常常谈论的修养，也从来不是一个装点门面的大词儿。

它不是春风得意之时的随手施舍，也不是人生顺遂之时的呼朋尽欢。

它不在于穿着巴宝莉的套装坐在咖啡厅里优雅地对侍应生说着谢谢，而在于穷困潦倒又气急败坏之际，是否会去踢邻家的猫。

得意而不张狂已是很难，失意却不带戾气更是难能可贵。

在可以随意发泄的时候懂得克制，在恶念一闪的时候坚守善良，是为很好的修养。

比没话说更尴尬的，是话太多

办公室来了个九三年的姑娘小 M，爱说爱笑，每每在午饭时充当话题王，从明星八卦谈到足球赛事，从儿女情长聊到家长里短，只要有她在，从来不会冷场。

一向苦于办公室气氛沉重的老板视她如掌中宝，实习期刚过就迫不及待地把她调进了项目部。小 M 那把清脆的好嗓子从此便时时在办公室中响起，不是在跟财务的同事说话，就是在跟物流的前辈打招呼，邻桌的姐姐穿一件新裙子，她都能不重样地夸上半个小时。

她像只叽叽喳喳的小鸟，穿梭不停，唤醒一园春色。而跟小 M 同期的另一个姑娘则显得沉默寡言许多，眼看小 M 在办公室里混得如鱼得水，她便趁着一次加班的时候，忐忑地跑来问我："我好像太没存在感了，真是讨厌自己这种内向腼腆的性格啊。好羡慕小 M，能那么热情又自如地跟大家交往。"

我安慰她："工作场合中的存在感在于你对公司的价值，你把事情做好了，自然就有自己的立足之地，至于人际关系，有时候慢热一点也挺好。"

她显得有些犹豫："可是大家周末出去玩的时候都不会想起我……我有点担心，是不是大家不大喜欢我……"

"可是你真的需要这样速成的喜欢吗？"我反问，"你是什么样的人，能做什么样的事，相处久了别人自然就会知道了。"

她将信将疑地走开了，可我依然能够在她的眼神中找到对小 M 那种掩饰不住的欣羡，以及因为自己做不到而产生的些许失落。

可热情洋溢的小 M，很快就遭遇了职场中的第一个寒冬。

项目组有个姐姐，她是办公室里唯一有孩子的人。每当大家加班赶进度的时候，她都会以"家里有点事"或"孩子不舒服"为借口早走。其他人虽然不满，但想到她公司家庭双线战斗毕竟不易，所以大多睁一只眼闭一只眼，帮她处理那些未完成的工作。

就在上个周末，她再次以"最近孩子身体不好，总是发烧，我得早点接她回来"为理由将自己手头的工作硬推给了别人。然而到了周一开例会的时候，小 M 一看见她就兴高采烈地招呼道："赵姐，我昨天看到你跟你老公逛商场了。他给你买的那个包好贵的，他一定很爱你吧？人家不是说了嘛，一个男人爱不爱你就看给没给你花时间。你老公多好啊，又花时间又花钱，你好幸福……"

她不知事情的始末，犹在一派天真地叽叽喳喳，却没留意到在座的许多人都已经变了脸色。昨晚加班到十点多的女孩冷哼一声："有些人真聪明，把事情推给别人，自己倒轻松地跑去逛街，看我们都傻是不是？"

而那位姐姐的谎言被人当众揭穿，面子上很是挂不住，便抛给小 M 一个凌厉的白眼，气急败坏地训斥道："怎么这办公室里就你话多。"

而如果说人际关系上的摩擦不过是一个小插曲，在工作中的失误则是她的滑铁卢。

公司刚开发了一个新客户，前期沟通得不错，于是决定开线下会议确定几个细节，会后直接签合同。老板对这个新领域的客户高度重视，决定亲自赴会，我作为项目负责人参会，同去的还有小 M，她的任务是做好会议记录。

然而那天，她迟到了一分钟。

这本来并不算什么大事，看到她跑得气喘吁吁、妆发凌乱，客户代表随口问道："小姑娘是不是住得远啊？这里交通不大方便，早高峰的时候常堵车的。"

这本是一句无关痛痒的寒暄，小 M 却就此展开了长篇大论："是啊，我住的可远了，四环边上的 ×× 小区。今天电梯坏了，我步行下二十七楼，所以就没赶上车，打个车又被堵在了路上，还遇到了一个特别奇葩的司机，跟我聊了一路乱七八糟的，也不好好开车，真是倒霉透了。"

客户又笑嘻嘻地问道:"你住在××小区啊,那里怎么样?"

小 M 顾不上看我和老板的眼色,自顾自地说得眉飞色舞:"那个烂小区啊,再别提啦,地段不好、安保不好、物业不好,周围配套设施又不完善,开发商肯定是傻了才会在那个破地方盖楼。我当时也就是被中介骗了才会住到那里去,等我发了工资就打算搬家了,才不住在那个鸡不拉屎鸟不生蛋的地方呢。"

她大概觉得自己很幽默、有很有志向,说完还不忘补充几个"哈哈哈",而我老板的脸已经绿了。

她口中那个"烂小区""破地方"的开发商,正是坐在我们对面一脸尴尬的客户。

回来之后,她被老板叫进办公室狠批一顿,下班后自己偷偷躲在茶水间哭。

我于心不忍,便请她去喝咖啡,她委屈地说:

"我真的不是爱显啊,我哪儿知道这个客户还做房地产,我以为他就是随口一问嘛,实话实说才显得真诚。

"那天赵姐的事情我也不知情啊,就是单纯想夸她一下好好建立关系,没想到会弄巧成拙捅个大娄子出来。这下好了,不仅没拉近关系,她现在都不理我了。

"我有时候也不想说话啊,只是害怕万一冷了场,大家会觉得我这个新人没有眼色……"

我特别能够理解小 M 强行尬聊的原因和另一个姑娘"他们会不会不喜欢我"的顾虑,每一个人在刚步入职场的时候,都希望自己能够看上去"活泼灵巧",谁又愿意跟沉默木讷这样的词语挂钩呢?

可是在职场上,你本来就无法在知道所有事之后再去采取行动。而在面对陌生的人或陌生的领域时,最稳妥的做法,是谨言慎行。

我并不是说热情洋溢不好,或是鼓励职场新人一味地沉默寡言向后缩。内向也好外向也罢,这对于每一个人来说都需要有一个度,而这个度到底在哪里,需要花很长时间才能揣摩出来。

没有巧舌如簧偏要滔滔不绝,不懂看人眼色还要逞强,不知前因后果偏要趟一脚浑水,话术高不过情商偏要强刷存在感。

你知道比内向更可怕的是什么吗?是四不像。

我刚上班的时候,由于工作原因参加了一场有关谈判的培训,讲课的是一位来自新加坡的老师,问答环节有人提问:"可是在谈判的过程中,甲乙双方由于立场和利益的分歧,肯定会有陷入僵局的时候,该如何打破沉默呢?"

让我记忆犹新的是他的回答:"为什么要打破沉默?"

双方都陷入沉默,意味着在这种情况下两方都没有占到明显的便宜或吃什么大亏,沉默自有其张力,顶不住的人会先开口,而先打破沉默的人,最容易让步。

不妨就沉默着,同时去猜,对方又是为什么沉默。

而我也是在后来很多次的实战中才真正理解了他这句话的意思。

有时,不说比说更有力量,认真倾听比滔滔不绝更能说服对方。

职场忌木讷,也忌用力过猛,适当的沉默是最好的留白。

毕竟,思考与倾听,都是不用出声的。

你有话不直说的样子真讨厌

我妹妹还在上大学的时候,有天回家,一进门就拿着手机凑到我跟前,说:"我烦死了,女人的世界真可怕。"

她翻出一条朋友圈,来自她的一位舍友,转发的是微博上一条无厘头嘲讽恋爱中的人"丧心病狂没智商"的段子,可重点不是段子本身,而是舍友附上的那句话:可笑有的人,还觉得自己谈个恋爱就有多了不起。

作为全宿舍唯一一个有男朋友的人,妹妹觉得自己躺了枪,脑子里飞快地转过了N个弯:

是不是打电话时间太长,影响到了人家?

是不是只顾着跟男朋友说话,冷落了室友的招呼?

是不是自己平时老是把男朋友挂在嘴边，让别人觉得不舒服了？

可就在她正努力反思，不知道该从何解释和道歉的时候，发出那条朋友圈的舍友却像是没事儿人似的招呼她去打水吃饭，神色如常，丝毫看不出一点不满的痕迹。

她郁闷了，好不容易找到合适的时机，找了个最可能的理由开口："我那天看你朋友圈……是不是我平时打电话打扰你学习了呀？不好意思，我以后一定注意。"

舍友却对着她笑了笑："哎呀，你多心了，我没那个意思。"

"要真是我多心就好了。"她叹了口气，"隔壁宿舍同班的女生都看不到她那条朋友圈。明明分了组，故意要给我看，又不直说，搞得我也不知道哪里得罪了她，想改都没法儿改。"

"太心累了。"她说。

我有位直男程序员朋友，有天转发了一套所谓的"测试题"给我，是网上流传挺广的一个帖子：直男必看，你就是这样得罪了女朋友。

"帮我参谋一下。"他说，抛来两道正误题：

第一题：

女友说："如果有天咱们分手了，家里的猫怎么办？"男友回答："你要是愿意你就养，你要是不愿意我养也行。"请判断对或错。

第二题：

女友说："我今天吃药时，你妈给我打了个电话，说你前女友出车祸了。"男友回答："你为什么要吃药？怎么了？"请判断对和错。

饶是我轻松地判断出了第一题为错,却依然在第二题上栽了跟头。这一问的隐藏陷阱在于:你居然有前女友?居然还是见过家长的前女友?为什么之前没有告诉过我?

"谈个恋爱,为什么还要做这么难的题啊!"他发出哀叹,"真那么想知道的话,直接问不就行了,为什么要绕这么多个弯,烦不烦?"

那时我还嘲笑他"注孤生",而后来他的一段恋情,果然以忽略了小女友在朋友圈连着转发了一周的有关最新款口红的各种文章而告终。

那女孩跟他分手的时候气愤不已:"一管口红我也不是买不起,我要的不是口红,是你的关心和重视!"

聚会时,他委屈巴巴地跟我们吐槽:

"我不关心她我天天多开十五公里的车接她下班?我不重视她我把她的照片设成屏保?

"你说她为什么就不说呢?她不说我怎么知道她在想什么?明明可以直接讲,还要发到朋友圈让我猜。"

我们很喜欢玩这种"你猜猜看"的游戏,抱怨也好,需求也罢,都试图用隐晦且旁敲侧击的方式让对方"自己明白过来"。

《奇葩说》第四季里,有一集的辩题是"父母提出要去住养老院,你支不支持",让我记忆犹新的并不是马薇薇一发接一发的催泪弹,而是黄执中的那句反问:

为什么我们都觉得父母要去养老院一定是"不得已",万一这就是他们的真实愿望呢?万一这不是牺牲,不是赌气,他们只是因为想去而要去呢?

可我们却早已习惯了猜。

我们会想:是不是我最近回家的次数太少了?是不是他们不想帮我带孩子了?是不是老婆/老公给我爸妈脸色看了?

自问了那么多的可能性,却常常忽略了最简单的一点:他们可能就是想去而已。

我们在彼此的太极中交手了这么多年,早已学会不去相信最表面的信息。

很多时候,社交之所以累,正是因为即便是最简单的信息也要耗费巨大的脑力去猜、去印证,再用同样的太极推手让对方接招,浪费掉大量的时间,却并未取得良好的沟通效果。

我以前也很迷恋这种猜来猜去的交流方式,觉得它含蓄委婉,既回避了直接的交锋,又给自己留有否认的余地,即便对方较真地问起,也可以用一句"你想多了"来轻松打发。

可是在沟通里,比矛盾更可怕的却是猜忌本身。你不说我也不说,那暗中较劲的气场就会耗尽两人的情谊。

不想替人值班就直接拒绝,也好过不情不愿地答应下来,没过两天就忍不住在朋友圈里指桑骂槐——《致贱人:我为什么要帮你》;

想要关心、想要爱、想要生日礼物就直接提出要求,也好过别扭又纠结地费心暗示,没有得到又抱怨对方:你对我一点也不在意。

用心说话很累,可是猜来猜去更累啊。

直白简单并不代表横冲直撞、口无遮拦,那不过意味着你需要有良好的思维能力去理清自己的想法,又有良好的表达能力可以将自己的需求和感受表达出来。

偶像剧里那种"你不说我都懂"的第六感灵异剧本,我们普通人是演不来的。

最好的关系,是坦诚相待,认真倾听。

好好说话,是一个家庭最宝贵的家风

一位做老师的朋友跟我讲了这么一件事:

她带初一,班上有个小男生,门门课成绩名列前茅不说,篮球还打得非常棒。那孩子少言寡语,也并不是那种仗着自己有点小聪明就任性调皮捉弄人的脾气。这样的孩子,本应该是炙手可热的小明星,可他的人缘却奇差,同学们不喜欢他,就连其他的代课老师,提起这个孩子也是常常摇头叹气。

这男孩不说话时还算聪明讨喜,但只要一开口,吐出的话却是十分的冷硬刺耳,能让人一句话都接不上。

想让同桌让一让的时候,他总是冷着脸让对方"起来";平时同学聊天不小心冒出一两个口误,他也会严肃地去纠正和争辩;就连英语老师在课堂上讲错了一个语法,他都会毫不留情地提出质疑:"老师你昨天没备课吗?"常常弄得别人下不来台。

她眼睁睁地看着他的生活像是陷入了一个向下无限延伸的螺旋。因为总是得罪人,所以大家都不愿意跟他说话,而他又因为被孤立,从而变得越来越孤僻,越来越无趣尖刻。

同班同学在不远处的篮球架下玩得热火朝天时,他一个人孤零零地在一个角落里练习投篮;他试图跟同桌搭话时,对方却装作没听见,把脸转向一边;就连某几个被他当众怼过的老师,也时常不给他好脸色看。

她看在眼里,急在心里。

她抽了个空就去小男生家里家访,对男孩的成绩予以极大肯定的同时,挑了几件无伤大雅的小事简单地说了说,同时委婉地表示孩子如果可以更友善温和一些,会获得更好的成长。

然而,她话音还未落,男孩的父亲瞬间就收起了一脸的笑容,将男孩连推带搡地从书房里拉出来,劈头盖脸一顿骂:"你觉得自己很了不起是不是?平时都跟老师同学怎么说话的?快,赶快给老师赔礼道歉。"

她连忙摆手解释,而他犹自喋喋不休地训斥着儿子,直到那孩子低头认错才罢休。

还没等她一口气舒完,夫妻俩一言不合就开始争执,一个埋怨老婆天天加班没时间教育孩子,一个指责老公太大男子主义没给孩子好的言传身教。

她手足无措地看着夫妻俩吵架,站也不是坐也不是。就在那个尴尬得要命的瞬间,她看见那个男孩站在沙发旁边的样子。

没有怒火,没有不满,没有恐惧,甚至没有因为父母当着外人的面争吵而生出的一丝嫌弃或羞耻。

他就只是站在那儿,不看她,也不看自己的父母,面无表情,眼神空洞,好像只是在耐心地等待这一场争吵的结束。他一脸的无动于衷,仿佛对此早已习以为常。

她回去之后,不惜违反学校男女分坐的规定,硬是将全班情商最高的那个女孩安排为他的同桌,跟我感慨说:

"他就在这种家庭环境里长大,要是会好好说话才是见了鬼呢。我没办法改变他的父母,只能安排一个会沟通会表达的同龄人跟他同桌,看看能不能潜移默化地影响他一点。

"这孩子的爸妈还是企业高管呢,却把所有的聪明才智都用来埋怨指责互相捅刀子,一家子人,好好说句话怎么就那么难?"

他大概没见过平心静气、有商有量的沟通是什么样的吧。

他大概不知道带着笑容伸出触角也不会受伤吧。

他大概从没有被温柔地倾听和理解过吧。

我想象着这个小孩的样子,忽然有点心疼。

有个闺密跟我讲过自己毕业第一年的母亲节,给她妈妈买了一束花的事。

她那时才实习,一个月到手的只有一千多块钱,日子过得着实捉襟见肘。可即便如此,她还是吃了一周的泡面,用省下来的钱买了一大束花兴冲冲地赶回家。然而她一进门,就迎来了母亲劈头盖脸的指责:

"你倒是挣了多少钱啊?还买这种中看不中用的摆设玩意儿,本事没学到,花样儿倒学了不少,能不能节省着点,让我跟你爸少为你操点心?"

她委屈地冲进自己的房间,闷在被子里大哭了一场。就在她越想越憋屈,正准备推开门对母亲嚷嚷"你既然这么不稀罕我就拿下楼扔了"的时候,却看到母亲正喜滋滋地捧着那束花,小心翼翼地插进家里最漂亮的花瓶,脸上带着她从未见过的满足。

她不是不喜欢,也不是不感念女儿的心意,不过是不知道该如何表达,讽刺和抱怨便本能地从嘴巴里溜了出来。

闺密向我感慨道:"我不是缺那一声谢谢,也不是一定要她说喜欢,不过就是想把美好的东西拿来跟她分享,怎么就这么难?"

可是她啊,嘴上说着不介意,却再也没有送过花。

美剧《This Is Us》中,有个很让人动容的情节:

夫妻俩带着亲生儿女 Kevin、Kate 和领养的孩子 Randal 去泳池玩耍,Kevin 因为调皮,脱离了父母的视线险些溺水,他挣扎着爬上岸之后朝着父母发火:

你们只关心 Kate 是不是又在暴饮暴食，只关心 Randal 是不是受到了排挤。我差点就溺死了，叫了你们好多声，你们却不搭理，你们一点都不关心我！

我闭着眼睛都能替 Kevin 的父母找到许多证明自己没错，同时捍卫家长权威的理由：

我们带着三个孩子本来就已经很忙很累了，你还要乱跑给父母捣乱，真是不懂事……

你现在不也是好好的吗？别在这瞎叫添乱……

我们就算是错了也是你父母，居然敢跟我们这样说话，看我怎么收拾你……

可是他们没有。

他们只是跑过来，蹲在他身边安慰他、拥抱他，一遍又一遍地说着对不起，承诺一定会给予他更多的关注。

当着那么多围观者的面，低声下气地给一个七岁的小孩子赔礼道歉，一定很没面子吧。

可他们不在乎。

我至今还记得自己十几岁的时候，在一次家庭聚会上，因为被表妹诬陷抢她的玩具还把她推倒而被我的父母惩罚打手心。

后来表妹自己说漏了嘴，他们才知道真的是冤枉了我，特意请了一天假带我去游乐场，平时许多不让我去玩的设施，那天都慷慨地放了行。我至今仍记得那纵容中藏不住的愧疚和歉意，可是从始至终，他们对那天发生的事都绝口不提。

我也是过去很多年之后，当自己面对幼小的子侄辈，出于莫名其妙的情愫而无法开口解释或者道歉时，才理解了这一切。

可在这之前的十年中，我虽然假装忘记，也从未提起这件事，可到底是意难平。

史蒂芬·柯维在《高效能家庭的七个习惯》中写道：

我们习惯于对家人大喊大叫，指责而不去理解，命令而不去沟通，学不会道谢，也不懂得道歉，我们都觉得自己已经为家庭生活付出了太多，却忽视了最关键的一点：有效沟通。

而家庭关系又是一切人际交往的基石，一个人在家庭中养成的沟通模式和说话方式，会渗透进他生活的方方面面，除非有强大的外力来影响或改变，这样的习惯将会伴随他的一生。

我们或许已经无法左右父母的习惯，但却可以从这一天起调整自己的态度。

好好说话，认真倾听，冷静但不冷漠，温和但不懦弱，坚定但不强硬。

那才是你能够给孩子创造的最好的家风。

有哪些小事,
会让你觉得一个人很有素养?

我去甘南旅游的时候认识了几个驴友,大家路线一致,在吃饭的地方一合计,决定包下一辆面包车同行。饭店的老板推荐了一位司机给我们,五十多岁,左脚因做农活受伤略有残疾,但开车十分稳当,价钱也很便宜。

一共五天的行程,最后一日从拉卜楞石头城回来,每个人都累得要命,又因为要赶航班,人人都急着回酒店去整理行装。我走到一半发现帽子忘在了车上,于是便返回去拿。回到车里,却看见同行的一个女孩手里拿着个大大的塑料袋,走到每一排座位跟前,先把座椅调正,再弯腰去捡地上的垃圾。

"你不也是十点的飞机吗？怎么还不走？"我问。

她笑着扬扬手里的塑料袋，说："我看司机师傅腿脚不好，收拾这些不方便，就顺便整理一下。也就几分钟而已，待会儿不洗澡就是了。"

我有点赧然。旅途刚开始的时候，我们每个人都有自己的垃圾袋，地上连片纸屑都少见，下车时也不忘了规规矩矩地调好座椅。

到了最后一天，体力和心力都到了临界点，再也没力气在彼此面前装体面的大尾巴狼，抱着"反正也不会再见"的念头，才索性破罐子破摔，把车厢搞得脏乱无比。

我在健身房的游泳池见到过一对母子，孩子大概只有五六岁的样子，母亲反复叮嘱他："上厕所的话要告诉妈妈，不能在泳池里大小便哦。"

那小孩点点头，露出个狡黠的笑容，说："我们班的康康说，等到上岸的时候才可以在里面尿，这样就不怕呛水喝到了。"

那母亲本来笑着的表情瞬间严肃起来，拍拍孩子的头，很郑重地说："不可以，你想想看，如果每个要走的人都在泳池里随意小便，那你今天还敢下水吗？即便是自己要走了，也不能给留下的人添麻烦。"

一开始的礼貌最易伪装，戳穿体面的往往是结局。

周末的图书馆里，童书区常有很多孩子。有个孩子似乎是想要取高处的一本书，却因为人矮个小，踮了几次脚都没够到，他有点着急地跳起来拿,一下又一下,发出了不小的声音。

一旁看书的好几个人闻声纷纷皱眉,用眼神寻找着孩子的家长,抱怨道:"这谁家的孩子也不管管,在公共场合影响别人,真是有熊家长就有熊孩子……"

周围的人指指点点,小孩又害怕又因为拿不到书而感到委屈,索性大声抽噎起来,使得指责的声音也顿时大了起来。这时有个高中模样的男孩子走过去,蹲在小孩的身边说了几句话,随后又帮他取下了他想要的那本书。那孩子温顺地点了点头,捧着书坐到了一旁的桌边,再没发出一点噪声。

好温柔啊,我忍不住想。

去美国旅游的时候,在餐厅里遇到了这么一家子,桌上坐有一男一女和两个大约十几岁的小孩。两个孩子不知因何起了争执,男孩气不过,指着女孩愤怒地喊了句:

You adopted bastard, getting back to your own home.(你这个领养的小屁孩,回你自己家去。)

女孩的眼泪一瞬间就下来了,大人连忙斥责小男孩,让他给妹妹道歉。男孩正处在叛逆期,梗着脖子不肯低头。女孩见状哭得更凶,周围的人纷纷皱眉侧目,用眼神指责他们的吵闹打扰了难得的静谧。

这时餐厅的老板走了过来,微笑着送给女孩一朵插着新鲜玫瑰的小花瓶,说:

There's nothing to be ashamed of being adopted. The only

difference is you are coming from heart not tummy.（被领养并不是一件耻辱的事，你和他唯一的区别，是他从妈妈的肚子里出来，而你是从妈妈的心里出来的。）

小女孩破涕为笑，父母也松了口气，就连知道自己犯了错但不肯道歉的男孩，也顺势帮妹妹接过了花瓶，一家人又恢复了其乐融融的氛围，仿佛刚才的一切都没有发生过。

抱怨和指责最为简单，但那些去解决问题的人，才最可贵。

听朋友讲过这样一件事，她们公司有个后台很硬的同事为人十分的嚣张跋扈，办公室里人人都不喜欢她，却不得不保持礼貌，甚至还有人为了攀上高枝主动巴结逢迎。后来那位同事的靠山倒了台，她自己也不得不灰溜溜地夹起尾巴做人。那段时间，几乎每日的茶点饭时，都成了那位同事的批斗大会。

熟悉的、不熟悉的、冷过脸的、拍过马屁的，都一股脑地开始数落起她的不是来，从生活作风到工作能力，难免添油加醋，说些有的没的，将那个人贬损得一无是处。

而唯独有个姑娘，每次听到大家尖酸刻薄的话都坐在一边默不作声，有人对她不声不响的态度十分不满，挑唆道："你忘了？当年就是她总在老板面前说你坏话，她还在办公室散布过你当小三的谣言，要不是她从中作梗，你说不定早就升职了。"

怎么能忘呢？但正是因为还没有忘，才不忍心将它强加于他人。

泼脏水最是顺手，落井下石最为解恨，可是体面，却往往归于懂得克制与释怀的人。

我在公众号的后台收到过很多私信，提问如何能够提高交际能力和个人魅力。这看上去像是一个复杂庞大到无解的问题，但归根结底，还是要回到如何做好自己的本质的问题上。

我们常常有种误解，以为被话术、技巧、厚黑或心机包裹的魅力才是需要攻关的重点，却忽略了魅力的本质，还是来源于人格。

冷静自持，谦虚公正，温柔仁慈，实事求是。

而这些品质，又外化为人的一举一动，举手投足之间全是自然天成的风度，那是无法伪装出来的。

我并不喜欢看用力过猛的《感动中国》，却常常被这样的小事所打动。

我想永远记得那个温柔的少年，那个女孩在阳光里露出那抹笑颜，那个被伤害过所以不忍加害的沉默的姑娘，还有许多不可言说却打动过我的小事。

这世间还有太多的不完美，但它总会因为一些人的存在，而变得更加柔软而明亮。

正如木心先生写过的那句话：

不知原谅了什么，诚觉世事皆可原谅。

这句得罪人又没好处的话,
你一定也说过

小梦在朋友聚会上提到她想跟大林分手,大家都觉得她在开玩笑。

"前女友?"

她摇头。

"直男癌?"

她又摇头。

"难不成是妈宝男?"

她依然摇头。

"我看你就是来作的。"在座的朋友调侃她,"也不知道是撞了什么大运,才能找到这么好的男朋友。你啊,也就是身在福中不知福。"

那个男孩是普林斯顿大学的双学位硕士，金融业的青年才俊，颜值和身材都在线，博学且幽默，在朋友圈发几张跟小梦的合照都能轻松圈粉一大票迷妹。

小梦闻言只是笑笑，并没有反驳，主动岔开了话题。聚会进行到一半，大林打来电话，一派深情款款地说道："我待会儿来接你，快结束了告诉我一声。"

我和另一个女孩正好与他俩同路，于是大林邀请我们蹭车。

那是周末的晚上九点，车流量堪比晚高峰。前面不远处的转盘发生了一起小车祸，两辆车正好横在路中央等着保险公司和交警，不到二百米的路，开了半个多小时几乎原地没动过。

我们三个女孩聊得开心并不太在意，大林却忽然插话道："我不是跟你说了吗，让你换个地方聚会。看现在堵成这样，待会儿我回去还要开会呢。"

小梦笑着解释："这里离大家都近嘛，聚餐完回家也方便。我要知道你开会，刚才就不让你来了，跟她们一路逛回去也蛮好的，正好买点东西。"

分明只是一句娇嗔，大林却认了真，语气暴躁又焦虑，对着小梦就是一通教育："说你目光短浅思维不周密吧，图近图近，现在堵成这样，还不是远吗？也不知道是省了时间还是浪费时间。这些我不是早就跟你说过了，怎么就听不进去呢？"

小梦被噎得没话，气氛尴尬至极。我跟另一个女孩交换了一个眼色，默契地借口有东西忘在了饭店要回去取，提前下了车。

之后没过多久，我便收到了小梦的微信：

"吵了两天，冷战三天，我还是提出分手了。

"天天都得听他各种'我早告诉你了'的说教，我受够了。

"他是很优秀，但跟他在一起，我一点也不快乐，总是觉得做错了事，觉得自己像头猪。"

你身边有没有特别爱讲"我早就说"这句话的人？

大事小事都要发表意见，一旦事情的发展符合他们的推断，便得意扬扬又趾高气昂地抛出一句"我早就说"，摆出一副先知般智商爆表的样子。

iPhone 丢了正懊丧之际，他们说：我早就说，你坐公交车还买那么贵的手机，简直就是招贼。

借了钱给朋友却没能按时收回来，他们说：我早就告诉你了，友谊是最经不起经济考验的东西。

项目推进得不顺利，他们说：我早就觉得这么刁钻的客户不容易讨好，看，白费了那么多力气。

他们站在理论正确的高地沾沾自喜，毫不考虑别人的感受，也不觉得这句话有任何问题。

我上大学的时候，给一个美国老板做翻译，有次他来开会，得知我家离会场有一个多小时的车程，便问我："要不要今晚住在酒店？明早就不用太折腾了。"

我想也没想，随口就说不用，觉得自己一贯准确的生物钟肯定不会出问题。

我回家整理完最后一份资料，仔细检查过后跟电脑一起放进包里，然后放心去睡觉。可人算不如天算，我的手机因为莫名其妙地跑光了电关了机，闹铃没有响，而当我心满意足地睡到自然醒时，已经比原定的起床时间晚了半个多小时。

这么一来正好赶上了早高峰，我被堵在长长的车龙里，眼看时间一分一秒地流逝，会议开始的时间越来越近，而我却还有一大半路程，当时真的是万念俱灰。

我用匆匆充上的一点电给老板打电话，语无伦次地解释和道歉。他听明白了来龙去脉之后沉默了几秒，知道我无论如何也无法按时赶到现场，便说："你现在下车找一个有网络的地方，先把翻译好的会议讲稿发给我，前面的内容大多是按部就班地讲PPT，等到讨论和问答的时候你应该就能到了。"

我领命照做，满心都是愧疚和负罪感，而当我终于气喘吁吁地赶到时，正好赶上第一场茶歇。我迎着他走过去，做好了一切被骂、被指责、甚至被当场辞掉的心理准备，可他却只是笑着跟我说："Take it easy, I know you do not mean it.（放轻松，我知道你不是故意的。）"

我在洗手间补妆的时候哭得一塌糊涂，一半是因为懊悔，一半是因为愧疚，可更多的，却是因为他的理解和原谅。

那时我不过是个还没毕业的职场菜鸟，于情于理于资历，他都大可以将我大骂一顿,然后说"我早就告诉你了让你住酒店,你偏不"。

可他没有指责一句,反而想方设法地帮我填我自己挖的大坑,然后安慰我说:没事,放轻松。

后来我们成了很好的朋友,有次聊天的时候提到这件事,我说:"你知不知道你当时真的让我特别感动。"

他大笑着说:"那你又知不知道,如果我那天一见面就骂了你,你后来一整场的翻译肯定会因为心理负担而做不好。你做不好,对我又有什么好处?况且我啊,我最见不得小女孩哭。"

那时我已经教了他不少中文,他说:"你们中国不是也有句这样的话吗?成事不说,遂事不谏,既往不咎。"

先见之明是用来预防的,可不是拿来指责别人的。事情已经到了那种地步,抱怨又有什么意义?还不如去想想如何补救来得更有效率。

我很喜欢在网上看到的这句话:

人的成长就是这样的一个过程:有事不知道说,不敢说,不会说,不想说,不必说。

有些"早知道",还是不说比较好。

毕竟除了证明自己对之外,如何把生活过好、把事情解决、把关系维持得更为长久和稳固,才更加重要。

比不努力更可怕的，是拎不清

上周跟一位朋友约饭，他讲起自己最近开掉一位员工的事，十分惋惜地感叹很难再找到能力这么出众的人了，但是于情于理，却又不得不把她开除。

那个姑娘今年三月份入职，勤奋肯干又聪明，很快就过了试用期，接手了部门的重要客户。她很积极，部门有位同事要休产假，其他人都避之不及，她却主动要求接手这位同事的工作，几乎每天都加班到八九点才走。

他将她的一举一动都看在眼里，欣赏之余，默默为姑娘预留了部门经理的位置，只等年底就给她加薪升职。可刚过了几个月，姑娘却主动来到了他的办公室，提出希望得到晋升的要求。

"我一个人要完成三个人的工作量,按照我现在的业绩来看,做部门经理也不为过,我入职以来一直很努力,也应该得到一些回报了吧。"她说。

并不是排斥毛遂自荐,也并不是不看好她的能力,只是忽然就觉得很别扭。她是那样的理直气壮,那样的胸有成竹,好像因为确认了自己是部门不可或缺的顶梁柱,谈起价码来便有恃无恐。

因此,他并没有透露出自己早有提拔她的想法,只是好言劝慰她先平心静气地认真工作,到了年底自有回报。她并没有跟他争辩或者纠缠,回去之后甚至比以前还要认真地工作。她将部门的几个大客户全都拿到了自己的手上,加班加得越来越晚,却也毫无怨言。

他庆幸自己看对了人,而就在他感动不已,想要在年底给她加封一个大红包的时候,意外知道了她将公司的客户信息泄露给竞争对手的事情。

她并没有做多久,是在他拒绝了她的晋升要求之后才开始的。他看着她的那封原始邮件又惊又气,急忙给她打电话,怀着万分之一的侥幸,希望她能给出一个合情合理的解释。她却在那头说得十分轻松:"我做了那么多事,拿着这点钱,就是泄露了客户信息,也不算占了多大的便宜。公司又不是你开的,不妨睁只眼闭只眼,反正部门现在缺人,你要是把我开了,可就没人能干活儿了。"

像是为了验证自己的话一样,她索性两周都没来上班。整个部门果然乱成了一锅粥,新人来得匆忙什么都不会,其他人不了解工作进展不说，不知是有心还是无意，她登记在公司通讯录里的客户联系方式也有很多错误，所有人都忙得人仰马翻。

可就这么乌烟瘴气地折腾到了周五，除了几个会议时间还没敲定之外，大多数的事情竟也敲定了下来。几个一直跟她合作的客户得知要更换联系人的消息，最大的反应也不过是礼貌地打听了一下她的去处，顺便确认继续合作的意向。

而他看着那样的邮件，忽然就有些替她感到悲凉。

还以为自己不可或缺，还以为自己无可替代，却不曾想自己也不过是一颗小珍珠，有了公司的背书，或许还能大放异彩，可脱离了平台，又还能剩下多大能量？

别说只是部门里的一个普通职员，就算是到了经理的位置，忽然离职也只会造成短暂的动乱。只要一个公司有健全的流程和制度，走了谁，第二天的太阳都会照常升起。

有你当然更好，但也并不是没你不行。

我刚开始工作的时候，有次跟前辈一起去跟客户开会。客户方来了两个人，一位老板一位助理。那位助理是个很年轻的男孩，胸有成竹又信心满满。看得出来，他对业务非常熟悉，屡次用犀利的话语打断前辈的陈述，讨论细节时也非常积极，往往是老板还没开口，他就已经像是会读心术一般，率先把问题提了出来。

那时我还是个跟着前辈跑腿打杂、对公司业务半懂不懂的菜鸟，回程的路上忍不住感慨："他看上去也跟我差不多大啊，人家怎么这么厉害。他老板倒是反应慢又记性差，口误了好几次，还都是他给纠正过来的呢。"

"你觉得他聪明？"前辈反问，冷哼了一声，说，"你等着看吧，他这么锋芒毕露，连老板的风头都抢，肯定待不了多久。"

"识时务，懂进退，知分寸，这才是真聪明，用力过猛又不知深浅，便是拎不清。"前辈这样回答我。

果不其然，合同还没签完，那个男孩就不见了踪影。跟着老板来的新任助理是个温柔的女孩，她始终站在老板侧后方半步的距离之处，将自己的意见写成条子给老板参考，不会抢答也并不犀利。我假装寒暄问起那个男孩，他老板满不在乎地回答："离职了啊，好像最近正在找工作呢。"

我也是用了很长时间才明白了这个道理：职场上，做事即是做人，一个真正很厉害的人，并不是靠自己的优秀和努力碾压众人或者谋取私利，而是能够在做好事情的同时，也能赢得信任和尊重，也只有这样，才能去做更多的事，才能走得更长远。

认为巴结钻营就能广结人脉进而掩盖实力上的不足，那是投机。

认为自己鹤立鸡群、能力超凡所以为所欲为，不把别人放在眼里，那是傲慢。

而投机与傲慢，正是将很多人绊倒在职场上的两大陷阱。

如何获得帮助，如何达成目的，如何在人前表现，如何在人后努力，这原本是同一件事。

希望你很努力，但愿你拎得清。

Part 4
年轻人多笑笑，没事别老叹气

年轻的时候很艰难，十六岁是，十八岁是，二十二岁是，二十五岁也是，可是上天从来都没许诺过后面的路会比前面好走一点。它更像是一个不断升级打怪的过程，随着你变得越来越强大的同时，需要应对的挑战也越来越多。

年轻人多笑笑,没事别老叹气

亲戚家上大学的小姑娘找我聊天,愁眉苦脸地跟我抱怨自己的处境:

"有时候真恨自己生在穷人家,iPhone X 单反爱马仕什么的我就不奢望了,唯一的心愿就是出国读研究生,开学后找学长学姐们打听了一下,光学费生活费就要六位数,回家跟工薪阶层的父母才透了个口风,他们便说没那么多钱,让我老老实实在国内读研就行了。

"倒也不是觉得他们藏私,可还是忍不住失望,别人家的孩子吃喝玩乐都能一掷千金,我只是想去国外进修提高自己,为什么就这么难。

"归根结底,还不是父母年轻的时候不争气,宁愿在一家半死不活的企业拿着那么低的工资也不肯挪窝，我表叔他们家早年开始做生意，起早贪黑的，现在也有百万存款了，要是他们也这么努力，我哪儿还用愁没有钱出国求学啊。"

她气鼓鼓地说着，毫不掩饰一脸的失望和颓丧。我本来有一肚子的鸡汤想要灌给她，可看到她这样的神情，却不由得有点羡慕。

狭隘与自私原本就是年轻人特有的专利，涉世未深，生活又还算一帆风顺，身边的世界大不过父母亲戚同学老师，这才能理直气壮地将生活的一切不顺归咎他人。

在二十岁出头的年纪，或许还能把父母当作救命稻草和替罪羊，没钱的时候回家蹭吃蹭喝，一提到人生的不顺，全都可以推诿给不够完美的原生家庭，跟同学好友聊起父母的不是便心有戚戚。

可是一旦到了二十五六岁，一切就都开始变得不一样了。身边那些很厉害的同龄人早已白手起家脱颖而出，当你再以"母校没名气"和"家里没关系"这种借口当挡箭牌时，收获的就不仅仅是友善的笑意和安慰，还有直截了当的质疑。

而再往后，到了三十岁之后，就连质疑和责问都不会有了。每每当你把父母搬出来做替罪羊之时，得到的不过是一句尴尬的敷衍，而跟你讲话的那个人，会在心中默默将你拉黑，定位成一个扶不起的阿斗。

年轻的时候很艰难，十六岁是，十八岁是，二十二岁是，二十五岁也是，可是上天从来都没许诺过后面的路会比前面好走一点。它更像是一个不断升级打怪的过程,随着你变得越来越强大的同时,需要应对的挑战也越来越多。

十六岁的时候,你所关心的不过是跟同桌闹了别扭要怎么和解,月考成绩又下滑了三名如何跟父母交差。

十八岁的时候,困扰你的无非是要上哪一所大学,学校的口碑如何,舍友是否好相处。

二十二岁的时候,最大的困扰往往是刚步入职场的不适与茫然,跟男朋友异地苦恋的无所适从,棘手的办公室政治和不怀好意的秃顶男老板。

二十五岁的时候,你为三姑六婆逢年过节的逼婚不胜其烦,赌气在大年夜将自己锁进书房,觉得这就已经是人生至苦了。

可你从来没想过,接下来的人生,偏偏会更加艰难。

替老板背了黑锅有口难言,被上司穿了小鞋去留两难,上有老下有小中有房贷搞得整个人压力山大,一不小心遇上渣男人财两空,与昔日好友面对面玩手机尴尬无比,冬夜里一个人出差冷寂孤独,因有心改变却无力执行而困顿难言,以及死别,以及生离。

甚至到了某一个年龄段,你会意识到连努力都没有用,这世上就是有那么多你拼尽全力也无法左右的东西,而你面对那些东西的态度,却会影响你的整个后半生。

我曾经也是个特别喜欢唉声叹气的人。

遇到早高峰迟到,会抱怨城市拥堵不堪的交通和某些新手司机笨拙的反应；工作中凡有不顺，便立刻会觉得自己运气不好，没有被一个钱多事少离家近的铁饭碗砸中；就连加班的时候也忍不住哀叹自己不是富二代，要是不差钱，自然可以潇洒地转身走人，谁还愿意在这吃苦受气忍委屈。

或许是我叹气叹得太过频繁，实习期结束的那天便被老板叫去喝茶，他单刀直入，促狭地问我："你知不知道我每次路过你的座位，都感觉有一层绿油油的怨气飘荡在你周围？"

他说："我知道你干得挺苦的，刚毕业都是这样，初入职场什么都要重新适应，工作效率不高，但是任务不轻，所以做起来吃力不讨好。"

我正在频频点头，期待他画一个大饼，用"以后会好的"这样的话来安慰我，可他却话锋一转："但你以为就只是这样而已吗？现在还是菜鸟的你可以只求做完，可是满一年之后，你就需要思考如何才能做好，如何才能升职，别让新来的小年轻骑到你头上去，再然后你做了领导，每天除了做完自己的事还要考虑如何管理手下的人，如何让他们对你又爱又怕，同时还能发挥最大的潜力办事。"

并不是只有新人才会不知所措，而唯一的区别是，当你不再是菜鸟时，也就不会有人教你、为你负责，犯的错也没人再帮你扛，捅了娄子也得自己去补。

在职场上的每一天，都会比前一天更难。

你还有一辈子的气要叹呢，别急着都用在二十几岁的时候，年轻人多笑笑，笑完了才有力气拼。

我毕业之后并没有留在那家公司，可他的这句话，我却一直铭记在心。而后来我开了公众号，跟很多同龄人或是更年轻的朋友聊天，忽然有天就想起这句话来。

是我们太喜欢自怜，稍有一点不顺就觉得自己是全天下最倒霉的人，恨不得举着放大镜将伤口 show 给整个世界，而自怜之后，又是自怨和自苦。

我就是个不幸、失败又悲哀的人，无论我怎么做也改变不了这样的事实，那索性破罐子破摔好了，反正都已经到了这种境地，还能糟糕到哪里去呢？

而正是这样的循环，让我们的生活一天天变得黯淡无光，陷在一个不断向下延伸的螺旋中，越来越颓丧，越来越无力，直到最后，真的到了什么也改变不了的时候，又叹一口气，说："我早就知道会这样。"

可既然早知如此，又为何不放手一搏呢？

人生虽苦，但愿你永带笑意。

她就算单身一辈子,也能过得比你好

小如见完相亲对象回来,破天荒的没有敷面膜,颓丧地摊在椅子上讲起今天的经历。

她的相亲对象是个从加拿大留学回来的男青年,回国后跟朋友合开了一家律师事务所,事业还算有成,人也仪表堂堂,平时喜欢玩摄影和篮球。小如远远地看到他穿着咖啡色格子衬衫搅拌咖啡的侧影,心忽然就漏跳了一拍。

一开始两人相谈甚欢,从经济聊到哲学,又从微博上最新的段子说到留学生活的种种不易,两人都投契到相逢恨晚。他们从早晨一直聊到下午,男青年忽然问了一句:"你做饭吗?"

"做啊。"小如没多想,"在国外待过几年的人,不会做七八个家乡菜怎么活？"

男青年却正色道："我不是这个意思，我是想问，我们结婚之后，你会每天做饭吗？"

小如被这猝不及防的一问杀了个措手不及，红着脸回答："要是不加班的话，做做饭也无妨，但是平时实在是太忙，下班回家都八九点了，还是吃外卖比较方便吧。"

男青年沉吟几秒，像是下了很大决心似的，用救世主般的眼神看着小如："那这样吧，结婚之后你就别工作了，我每个月给你钱，你就在家做做家务烧烧饭，反正给别人打工也没什么前途，虽然你也留过洋，可是中国传统女性的贤良淑德不能丢……"

他后面还说了好几句，可小如却什么都没听进去，冷笑一声反问："你以为我拼了命地出国留学，这么努力地加班工作，就是为了在家洗手作羹汤吗？"

男青年显然没有听出小如语气中的嘲讽，仍沉醉在自己的想象中，又补了一刀："我知道你很优秀啊，要不是这样，你怎么能遇到我呢？我也不是随便就跟人相亲的，而且现在挣钱不容易，你以为嫁给谁都能做全职太太吗？"

他神色间满是骄傲，语气好似恩赐。

小如用了很大的力气才控制住自己，脸上没有出现那种"你有病吧"的神情，她秒速拉黑了男青年，之后叹了一口气，问我："你们写鸡汤的不是老说女生要变得很优秀，才能遇到更好的人吗？可是这些年我已经比之前好太多了，怎么遇到的人却一个比一个糟糕？居然还有个这样的极品。"

她确实很优秀，腿长，人又生得白皙秀美，琴棋书画虽算不上大家，拿出来撑撑场面也是够的，烧得一手好饭菜，连甜品都做得有模有样，自强独立有追求，温柔解意不黏人。

她不是没有追求者，只是那些情商与智商统统堪忧的愣头青们实在入不了她的法眼，而那种文质彬彬又事业有成，如同电视剧里走出的男主角们，身边不是早已有了小鸟依人的女友，就是跟这位男青年一样，抱着给自己找个优质保姆的念头，在婚恋的市场上挑挑拣拣。

而我认识的一位钱多事少死得早的程序员直男朋友说得更是直白：

"虽然说优秀的女人让人心仪，可是恋爱结婚嘛，还是找个单纯贤惠的女朋友比较好。一方面好哄，买个包买个项链就能把她哄得服服帖帖，不像那些见过世面的女孩，总觉得不容易讨好。另一方面又省心，无怨无悔地把家里整理得妥妥帖帖，也不会一天到晚跟你嚷嚷要什么男女平等家务平摊。周末还能陪你宅在家里打打游戏什么的，不会拉着你奔波半个北京城只为去看一个画展。

"你偶尔冒出一句古文她都觉得你好有文化，也不会像那些厉害的女孩子在心底嘲笑你念错了一个通假字的发音。

"就算是偶尔矫情一把作个死，也不过是撒娇而已，总比拒人于千里之外,让我觉得自己根本无关紧要好。"

这个世界对女孩子是很刻薄的,而更可悲的是,这种刻薄有时来自于女人本身。

我有次跟一位朋友去看一个女企业家的演讲,听她讲述自己从白手起家到身家上亿,步步走来的经历。场内时时掌声雷动,我们身边坐着两个大学生模样的小姑娘,不断发出"她好厉害啊"的惊叹,斜前方坐着的女人在她们第N次感慨时忽然转头说了一句:"她都三十多岁了还没结婚,有什么了不起的?"

而更让我惊讶的,却是这两个一直面带崇拜的小女孩在掏出手机八卦完这位女企业家的情感史之后,居然真的有些失望,说:"真的是哎,她居然都还没有男朋友。"

那样嘲弄又轻蔑的口吻,像是发现了什么不可告人的秘密。

这个世界对于女性的吊诡之处也在于此。一方面,它不断地鼓励女人要向上要优秀,要有自己的人生要闯出自己的一片天地;而另一方面,它却依旧在以那个老旧而无形的标准来评价女性:

一个女人成功与否,并不在于她有多优秀生活有多充实,而是看她的身边是否有一个男人。

这或许就是那林林总总的亦舒女郎无论多聪慧靓丽努力上进,最终都会把"嫁给一个好男人"当成人生的终极追求和最后归宿的原因。

而我也曾经在微信公众号的后台收到过许许多多的留言,一遍又一遍地重复着相同的问题：

自己已经变得比以前优秀很多了，上得厅堂下得厨房，跑掉了二十斤的赘肉还学会了化妆，谈论起康德、黑格尔、尼采也能说得头头是道，可就是迟迟遇不到心上人，明明已经很努力了，不知道到底错在了哪里。

可是亲爱的女孩，你一路跌跌撞撞，那么辛苦地爬上山顶，真的就只为了找那个人而已吗？

沿途的晨雾与夕阳，沾着露水美至惊艳的一树繁花，同行过的伙伴，大笑过的朋友，本身就已是对你优秀的奖赏。

更重要的是，它让你知道爱情的可贵，因而才会舍不得将自己委身于近似爱情的占有、控制与欺哄。

我在微博上看到过这样的一段话：

对于女孩子来讲，最可怕的才不是没人爱。而是被一个幼稚到自私的男人爱着，自己还毫不自知，心甘情愿地为自己的一生为这个男人的自恋陪葬。

我身边那些优秀的女孩子，她们并没有很频繁地恋爱，也不像某些文章中鼓吹的那般，有着如同星辰般众多的追求者。

她们懂得分寸与距离，知道绯色的暧昧伤人伤己，分得出扶持还是阻碍，陪伴还是占有。

因为有资格挑选,所以不强迫自己迁就。

与年龄无关,也无碍外界的议论,只关乎心境,只关乎生活。

优质的生活本身就是对优秀的奖赏。

正如那场演讲之后,我的朋友对旁边那两个小姑娘讲的那句话:

"她就算单身一辈子,也能过得比你好。"

你这么能撑,是不是属帐篷?

橙子比我上次见她的时候又消瘦了一圈,带着浓重的黑眼圈快快地缩在长沙发的一角,两眼一刻也没离开过手机。直到窗外下起雨,她才一个鲤鱼打挺站起来,有点不好意思地告辞说自己要先走。

"好不容易出来一次,连蛋糕还没切就要走,你真是不够意思。"过生日的姑娘有些不高兴地抱怨,她们是大学时代最好的朋友。

橙子诺诺地赔着笑:"这不是下雨了吗,我怕他没带伞,想去地铁站接他。"

"他这么大的人,是没钱还是没脑子,就不会买把伞或者打车回家吗?"寿星一声冷哼,不放她走。

眼看闺密冷了脸,橙子便不再坚持。她如坐针毡地等到散场,立刻匆匆告辞,恨不得插上翅膀飞回去。我与她同路,顺便捎她一程,看着她一脸的火急火燎,我安慰她:"他现在肯定已经到家了,况且雨下得也不大,你不用着急。"

她说:"那他肯定也还没吃饭呢,我赶快回去,还来得及做一菜一汤。"

我看着她楚楚动人的大眼睛,愣是将那句"他不会叫外卖吗"咽了回去。

开到十字路口的时候,橙子的手机响了,她用我从未听过的温柔声调跟对方讲话,电话那头传来的却是连声的指责:"我手机都要让你打没电了。我今天约了朋友吃饭,没什么事,你不要再给我打电话了。"

像是旧时候的少爷对着家中唠叨的老妈子,两分厌恶,三分无奈,五分疏离。

车内只有我们两个人,而她就坐在我身边。我努力目不斜视假装什么都没听到,却是她先开口,苦笑一声打破尴尬,说:"早知道就不急着走了,这么久不见,连跟你们聊聊天的时间都没有。"

你认识喜欢同一个人五年不变的女生吗?

橙子就是。

她现在的男朋友是她大学的同班同学,生得一副好容貌,一米八的身高，篮球也打得颇好。他能说会道，女生缘很好，大学前两年换了两个女朋友，却在大三的时候，被相貌平平身材普通的橙子倒追入手。

众人提起他俩总是咋舌，却只有少数知情者，才知道她为了这段感情牺牲了多少。

她放弃了毕业季那张心仪了四年的公司的offer，只因为工作地点在外地，而他恋家。

她推掉了上班后的每一次聚餐和团建，只因为他喜欢吃她做的清蒸扁鲳。

她让出了公费出国进修的机会，因为他讨厌异地恋且英语不好。

她把所有的热情与虔诚都投放到了他的身上，可他回报她的，却只有倦怠和勉强。

他并不是没提过分手，却每一次都被她的泪眼打败。相处五年，她付出几许他心知肚明，虽不够爱，却也没有渣到要反目伤害的地步，于是只能不温不火地拖着。

"我无法让自己爱上她，可是她对我这么好，我不能对不起她。"他在一次同学聚会上这样说过，这句话辗转传到了橙子的耳朵里。

本该生气的，可她却欣慰莫名，一面觉得自己的付出终有回报，一面下定决心要加倍地对他好。

于是便有了开头的那一出。

"听过那句话吗?"她问我,"你我之间已无缘分,全靠我死撑。要是有天我也撑不下去,我们恐怕就要分手了。"

她的眼里藏着暮春倦怠的阑珊,一声长叹。

我并未在爱情里有过如她一般旷日持久的坚持,却也曾经勉力死撑过一段友谊。

那是我高中时最好的朋友,高考却发挥失常去了一个小地方的三本院校。分别的时候,她抹着眼泪跟我说每天都要保持联系。

于是每天无论多忙,我都会抽出时间打电话给她,吐槽军训的疲累、学校食堂的饭菜难吃、今年的教官都长得很丑等等。

我们亲密得好像依然在同一个城市、同一所学校一起生活一般,而那种亲密让人有种错觉,好像我们依然可以毫无保留地分享生活中的种种,像从前一般为彼此出谋划策。

可是逐渐,我们可聊的东西越来越少。每当我兴冲冲地提起学校里某个很好玩的社团活动时,都会换来她的一声哀叹:"你在好学校就是好,不像我,在这个要什么没什么的学校,跟一群不求上进的学渣为伍……"

说了几次之后,我生活中的精彩,便不敢再对她提起,而我们的对话,也每每以她抱怨生活、抱怨环境、抱怨宿舍的某某某而结束。

但如果我忙得没时间接她的电话,她就会发短信来指责我:"我就知道,你变了,你也看不起我……"

我们的聊天更像是一个不得不完成的任务,以她在追忆往昔开始,以她的自艾自怜结束。

她找我帮她买书,我自付邮费次日就寄去,换不来一句感谢,她却依然在抱怨:"你为什么不寄顺丰?"

她找我帮她联系兼职,我辗转拜托了好几个人才从一位学姐那儿找到了一份合适的工作,而她打电话质问我:"一个小时才十块钱,够干什么?"

她说自己的生活太无聊,我介绍自己的好朋友给她认识,却换回她凉凉的嘲讽:"原来你身边已经有了新的朋友,自然看不上我了。"

而后来终于因为一件小事,在她赌气说要跟我绝交的时候,我有一点点痛苦的同时,却又感到一阵奇妙的轻松。

其实我也心知肚明,我们这段友谊早已不复默契、千疮百孔,不过是靠我的容忍死撑。

撑得太苦太累,连失败都是一种轻松。

背负很难,而舍弃更甚。由于沉没成本的存在,人会本能地过分看重那些自己为之付出的东西,将一点点的甜攥在手心,单枪匹马苦苦抵抗生活中所有的苦。

你本不必这样做的。

我以前总以为,成长就是把越来越多的东西扛起来放在肩上,但其实并不是。

它更像是一个学会放下的过程,学会识别那些裹着糖衣、却在消耗着我们的心力和体力的黑洞,然后咬紧牙关,将之舍弃。

要靠容忍死撑的友谊,要靠付出维系的爱情,要靠意志力才能啃完的枯燥名著,莫不如是。

当断则断,何必死撑。

毕竟,你又不属帐篷。

我们都曾想过去死，
我们都将努力活着

十八岁的小鱼发来语音："活着太累了，好想自杀，如果我死了的话，大家都会轻松一点吧。"

哭腔中带着一丝心灰意冷的疲惫，我不敢怠慢，立刻打电话给她，响了两三遍之后她才慢腾腾地接起，哭一会儿说一会儿，断断续续地道出了事情的始末。

她是今年的高考生，却因为发挥失常而与一本高校失之交臂。她的父母极好面子，不顾她的反对坚持把她送进了一所复读学校。新学校的节奏极其紧凑，每周只有短短的一个下午休息时间，可就是在难能可贵的短暂下午，她依然不得不在试卷题海中度过。

而就是在这个下午,她做的一套英语卷子只得了 80 多分。这并不是她的正常水平,可一想到母亲失望的叹息和父亲恨铁不成钢的眼神,她还是崩溃了。她跑到宿舍楼四楼的天台徘徊了许久,给我发了这条语音。

我一边安慰她,一边打车去她的学校,填了假条把小姑娘带出来逛商场和公园。其间她讲着自己生活的种种不如意,又狠狠地哭了几场,直到傍晚,脸上才有浮现出一点笑意。

我们在一家咖啡馆聊天,她从洗手间回来,已经收拾好了凌乱的头发和满脸的泪痕,开始觉得有点不好意思,扭捏了半晌,问道:"你不会笑话我吧?"

得到我的答案之后,她长舒了口气,看着我说:"我好羡慕你呀姐姐,你又理智又冷静,今后我也要成为你这样的人。像你这样的人,一定从来没有过这样荒唐的念头吧?"

我从上初中开始记日记,时断时续,有时甚至只写一句话。

但如果不是翻出那个已经泛黄的日记本,我也会自然而然地以为自己从未有过脆弱无助的时候。可那亲笔写下的字字句句,却见证了我所有的悲伤和痛苦,重读起来颇有几分不忍直视的矫情。

考试没发挥好,第一名被我很忌惮的对手夺了去,她看着我笑得趾高气昂,而我却无能为力的时候,好想死。

心仪很久的男生给另一个女孩送了糖,两人在树荫下窃窃私语、满脸甜蜜,而自己只能做个旁观者的时候,好想死。

被同班的女生结帮拉派孤立，看着别人上厕所都成双成对，而我形单影只又束手无策的时候，好想死。

还远远不止这些——

得不到想要的东西，努力到深夜但是成绩让人不甚满意，家人不是自己期望中的样子，甚至是无力阻止父母的一场争吵，都会轻易生出怀疑人生的念头。

我甚至还质问过我妈"为什么要把我生下来面对如此艰难的人生"这样的问题。

我妈用一记无比凌厉的白眼代替了回答，永久地封了我的口。但这个问题，在我之后的人生中，却依然被想起过很多次。

可奇怪的是，从二十岁那年开始，我忽然不再寻找这个问题的答案。我翻遍了日记本，也没有找到某一天是否真的与其他的日子不同。

生活一如既往，没有醍醐灌顶，没有茅塞顿开，没有灵魂一击，但我又确实是从那年的某一天开始，忽然不再那样惧怕生活了。

二十岁之后的日子会好过些吗？

并非如此。

脱离了父母的关照又离开了大学的象牙塔，委屈与艰难都只多不少。

穿着不合脚的高跟鞋去实习，一天磨出好几个水泡，却依然得咬着牙去上班。

替同事背了黑锅，被老板当众指责，百口莫辩恨不得找个地缝钻进去。

跟好朋友渐行渐远，看着她在朋友圈晒出了跟别人的亲密合影，可自己并不认得那个人。

客户在最后一天要换方案，冬夜十一点被夺命连环 call 叫回去上班，用冻到僵硬的十指敲着键盘。

苦苦撑了好几年的异地恋终于分崩离析，曾经那么亲密的我们，也最终变成你和我。

哭过、醉过、抱怨过，可哭完、醉完、抱怨完，洗把脸，冲个澡，第二天擦好口红调整好微笑的角度，便又重返生活的战场。

小时候看《飘》，总觉得它烂尾得莫名其妙，而有人说，当你读懂了"Tomorrow is another day"的那一天起，你才真正步入了成年人的生活。

我们的文化中太忌讳死亡，以至于"想死"的念头听上去是那么的荒唐和矫情，被任何一位长辈和前辈听到都免不了要挨一记爆栗："就这样你还不满足？真是身在福中不知福。"

可是我总觉得，在很年轻的时候把去死挂在嘴边，有时其实是一种心理上的救赎。大概是因为那时的自己生得太过孱弱无力，所以才常常想要通过极端的死亡来获得自由。

我采访过一位企业家，聊起创业之初的种种艰难，他发出一声长叹："真的有过一睁眼就后悔自己没有死掉的时刻啊。"

他来自农村家庭，父母妻子都没有工作，家中还有个重度瘫痪的哥哥，襁褓中的孩子也嗷嗷待哺。

"一觉睡醒，身边全都是要靠自己养活的人，你不知道那种压力有多大。"他说。

"你公司也有上百号人，现在要养活的人岂不是更多？"

"但现在我全都养得起了啊。多庆幸自己坚持活着。"他自信地笑着，如是说。

没有谁生来就是理智且坚强的，我们都是没有金手指的普通人，需要在泥泞和挫折中摸爬滚打，才能变成比昨天强大一点点的自己。

我喜欢和菜头写过的那句话：

因为重击，而知道自己面庞的形状；因为跌倒，而清楚自己身躯的分量；因为承重，而意识到自己内在的小宇宙有多强大。

我们都曾想通过死亡逃避，但我们都将好好活下去。

我们曾经不堪一击，我们终将百毒不侵。

别害怕输在起跑线上，
人生中那么多转折点

我家附近有一所中学，前两天高考成绩放榜，我加班回来，看到路边蹲着个小姑娘，身上穿着那所学校的校服。她大概是在跟父母通电话，一边痛哭流涕一边说："这次没发挥好，跟自己心仪的高校只差三分，想再复读一年。"

她随即报出一个分数，高出今年的一本录取分数线三十多分。电话那头的父母许是表达了反对，小姑娘跳着脚发出了一声尖叫："你们懂什么，如果上一个不好的大学，今后根本就找不到好工作，我这一辈子就完了。"

那时天色已晚，街上几乎已经没有了行人。我把车停在不远的路边,看着她哭完擦干了眼泪才离开,带着哭腔的喊声在夜色里显得尤其突兀,她说:"如果不能读一所好大学,那干脆不读算了。"

我并没有多想,直到昨天在公众号后台收到一条留言。这条留言同样来自于今年的高考生,他说自己的考试成绩很不理想,勉强只够一所二流高校的分数线。他并不喜欢读书,能考出这个成绩都已经算是沾了运气,可是如果甘心去一所二流大学,跟同学们比起来势必要输在起跑线上,那所大学的师资力量、学习氛围和资源人脉,都是无法跟名牌大学相比的。

"我知道自己不是学习的那块料,但又有点不甘心,难道就要这么输掉了吗?"他问我。

我其实很能理解他们的心理。高考对于大多数的普通人来讲,依然是一场翻身仗,它不仅仅是走出家乡、开阔眼界的机会,更是摆脱固有阶层,走向飞黄腾达的绝好台阶。

它是我们前十八年的人生中最重要的事,因此,我们对它寄予了太多的期待,以至于往往误以为它也会是我们一生中最重要的东西。

但人生并不是百米冲刺啊,谁先起跑谁便更容易摘得桂冠。相反,它是一场漫长的、充斥着无数拐点的马拉松。

它考验的,并不仅仅是你从哪里出发,还有经历过一个又一个转折之后,你终将走到哪里。

我上高中的时候班里有位学霸,数理化门门精通,几乎每次大考小考都能完成满分绝杀。高考之后,学霸不负众望地杀入了北京的一所著名高校，之后也连年斩获一等奖学金，一路顺风顺水直到毕业，进了一家知名 4A 广告公司。

有次去北京培训，跟他相约一起吃饭，聊起新工作，他有点不开心地抱怨起来："公司什么都好，就是筛选简历的时候不太严谨，跟我同时入职的女孩居然是一所三本学校的毕业生。她什么都不懂，培训的时候老是问一些特别低级的问题。以后千万别分到一个组，成绩那么差，肯定会拖我后腿的。"

我至今仍记得他那骄矜、刻薄而又带着点不屑的神情，那是天之骄子特有的自信和清高。

之后的几年，我们都忙了起来，便很少再互通消息。直到有次在微信群聊天，聊起"人生赢家"的话题，忽然想到了他，便问："那×××呢？他应该算拿得大满贯了吧。"

"你还不知道吧，他还没找到工作呢，在地下室住了半年，都准备回老家了。"隔了几秒，班长私聊我。

我大吃一惊，班长接着说：

"他当时不是去了家挺好的公司吗？刚开始挺被重视的，但是有次重要的项目比稿败给了那个同期进来的三本的姑娘。本来只是一次失败而已，他偏不依不饶地说人家姑娘走了后门拉了关系，动静闹得着实不小。

"老板们知道他输不起，也慢慢不把重要的项目交给他了。等到那女孩升职的时候，他觉得待不下去就辞了，之后又找了好几家，也都是由于差不多的原因而离职。他混到现在，年纪不小但却没积累下什么经验，让他拿应届生的工资，他又不乐意。

"他是起点高，可是就因为太心高气傲，低不下头，反而错过了最好的成长时机，只能落得这个结局。"

我跟班长聊到半夜，不胜唏嘘。

高考、选学校、选专业、毕业、就职、跳槽，每一次机遇，每一点进步，甚至是每一次跌倒，都会在不同的程度上影响人生最终的走向。

家里有位亲戚，有次做客的时候恨铁不成钢地说起自己家的儿子。她掏了五万块择校费把孩子塞进了本地最好的小学之一，由于跨学区离家远，又得每天风雨无阻地接送上下学。然而孩子的成绩一直不理想，偏偏又体弱多病，本想让他多熬几个小时再做一套卷子，可孩子一熬夜就会感冒发烧。

"我掏了这么多钱，花了这么多时间，不就是不想让他输在起跑线上吗？"她心急火燎地说，"他要是总停留在这个中游的水平，我的功夫不都白费了吗？"

可是即便赢在起跑线上又如何呢？成绩固然可以让一个人站到睥睨众人的位置上，可决定他能走多远的，却是他应对生活中的转折点的方法。

有许多关键的能力，我们虽然无法在教科书上或是校园里学到，但却会影响我们的一生。

如何应对诱惑，如何面对挫折，如何做出选择，又如何为自己的选择负责。

懂不懂合作与共赢，有没有韧性抗压，是否可以与他人建立并保持良好的沟通，能不能忍得了一时委屈并坚守自己的底线。

我见过沉迷于网络游戏的学霸挂了科；见过品学兼优的孩子在入职之后的第一个滑铁卢落荒而逃；也见过事业顺风顺水的女孩为了爱情毅然做了全职女友，几年之后失落地独身回来，一蹶不振，再也找不回当年的聪慧伶俐。

说这些，并不意味着过去的成绩完全不重要，它诚然会允诺你一个不错的入口，可进去了之后结果如何，靠的却是那些只有真正被生活打磨过的人才能习得的能力。

多年之后再回头看，你以为决定你一生的高考，也不过只是一个转折点而已。

从来没有任何一条线、任何一件事可以决定一个人一辈子。决定结局的，往往是你如何看待生活中的每一件事，又对其采取何种行动。这些行动产生的连锁反应，才能最终构成我们的一生。

抬脚走出去，就有前路，蹲在地上哭闹，便是画地为牢。越是输不起的人，越是没有赢面啊。

但愿你懂。

你对待痛苦的方式，决定了人生的走势

出差去北京顺便跟朋友约饭，我们在火锅店里聊到十一点多，出门打车的时候，看到一个姑娘正坐在旁边的台阶上哭。她看上去不过二十出头的样子，周身散发着隐约的酒气，手提包大敞着，手机也掉在一边，银行卡、零钱和口红散落一地，她却无知无觉地埋着头痛哭不已。

我被吓了一跳，低声问："是不是出什么事了？要不要报警？"

朋友笑了笑："没什么事，估计就是想不开而已。"他一边说着，一边转身回饭店找了位服务员出来。服务员也见怪不怪，一边帮姑娘收拾着地上的东西，一边跟她说着什么。

就在我们等车的当口，那女孩已站了起来，步伐有些踉跄，却不再哭了，跟着服务员向店里走去。

"没想到几年没见，你倒生出一副侠义心肠。"我打趣他。

"能帮一把就帮一把吧。"他叹了口气，跟我讲了他一个同事的经历。

那也是个涉世未深的女孩，毕业才一年，因为男友劈腿，自己跑去夜店发泄买醉，被一个不怀好意的男人盯上了。在拉扯中，她的右臂被反扭着撞到墙上，等有人听见呼救声时，男人早已顺走了她的钱包和手机逃之夭夭。赶来的朋友把她送去医院一看，手肘处粉碎性骨折。

他那时在一家民营初创公司，本来就任务重人手紧，规章流程也不甚规范，公司知道此事后，第一时间就通知HR给她办了离职。

"真的很心寒的，那时候。"他说。"对公司的做法，我不认同，但当时老板说的那句话，我却一直记忆犹新。

"每个人都有痛苦的时候，但是你应对痛苦的方式，决定了你将会陷入更深的黑暗，还是能够越活越好。"

买醉、痛哭和沉沦都太容易了，也正是因为容易，它往往拖着你走入下一个陷阱。

谁说痛苦之后一定就会雨过天晴？有时黑暗深处即是地狱。

我带过一个实习生，95年的小妹妹，刚来实习了两个月，父母就遭遇了车祸双双住院。两人虽然没有生命危险，但父亲却双腿截肢，再也站不起来了。

那段时间正是年末人人忙得焦头烂额的时候，她只请了两天假，然后依旧来上班，认认真真地做好手头上的每一件事。她每天眼睛都红红的，却从没在人前掉一滴眼泪，下了班便提着电脑去医院，一边陪父母一边加班，常常十点多还在回复邮件。

但她毕竟是新人，有天数据表里算错了一个公式，被不明真相的销售部老大指着鼻子当众责骂。后来我在洗手间找到她，她明显是刚哭完的样子，却对着镜子正在补妆。

"今天的事不怪你，他不知道你家的事。"我安慰她。

没想到她却摇了摇头："这件事就是我的错，不管我自己生活中出了什么事，都不应该是被宽容的理由。所有的数据我今晚都会重新算一遍，以后不会再犯这种低级错误了。

"我知道你们都是为我好，但我的生活已经一团糟了，我不能让工作也随之糟糕下去。

"总要有一点自己能够掌控的东西，才不至于被痛苦完败。"

后来她果然发展得很好，顺利转正，三年升了两级，被曾经那个把她骂得狗血淋头的销售总监挖去了自己的部门，成为全公司最年轻的大客户经理。

有不明真相的新人感慨她好运，我们却都知道，她这一路走来，靠的才不是什么运气，而是清醒和韧劲。

卖惨，扮可怜，以遭遇为挡箭牌自暴自弃，诚然会被原谅，会得到照顾，会收获一些人的唏嘘和一些人的同情，但那又能怎样呢？

严歌苓的那句话说得多么薄情又深刻：

怜悯可不是什么好情感，被怜悯的人，必须接受怜悯中少许嫌弃的敷衍。

无论是善意还是嫌弃，破碎的生活，依然要靠你自己的双手一片片拾起。

这道理我们在大多数时候都心知肚明，但生而为人，难免会有痛苦和悲伤的时刻。那样的时刻像是小偷，不知不觉间就会偷走你所有的勇气和清醒，让你只想大醉一场，只想不管不顾地辞职，只想随便找个肩膀靠一靠，甚至更极端的，想到用死亡来结束这一切的困扰。

我有位女友，一直以来都十分独立勇敢。她年前刚跳了槽，但由于转行的缘故，基本上相当于是从头学起。她的直系主管是个非常严苛的男人，常常因为一个标点符号或者一个图表的色调不对，大半夜的打电话骂她，从能力否定到人格。

她很痛苦，难过之外更多的是自我怀疑：自己是不是真的不行？是不是真的像主管说的那么糟糕？是不是真的选错了方向？

她天天都在加班，也天天都在挨骂，有天实在是扛不住，跑到茶水间崩溃地大哭了一场。而就当她擦了眼泪，准备重新回到工位上工作时，却被主管叫住。

"虽然你真的很差劲，但我还是愿意照顾你。你跟我在一起，我保证今后没人敢挑你的事。加薪升职我也会尽量帮你。"

这话从那个已婚已育的男人嘴里说出来，多么直白露骨，又多么"大义凛然"。

她跟我讲起这段往事的时候已经离职，在另一家公司做得顺风顺水。可说起这些话的时候，还是没忍住红了眼眶："你知道吗，在那一瞬间，我是真的犹豫过。"

哪个女孩没做过"免我惊，免我苦，免我四下流离，免我无枝可依"的玛丽苏大梦？即便伸出双手的那个人，是制造你所有痛苦的源头。

这也是太多渣男屡试不爽的方法，他折磨你，贬损你，让你痛苦，让你无力，让你自我怀疑，然后自导自演一出英雄救美的骗局。

而决定人一生走势的，往往并不是那些稀松平常的时刻，而在于最痛苦的时候，你如何选择。

是痛哭买醉还是及时止损；

是逃之夭夭还是负重前行；

是自暴自弃、随波逐流还是咬着牙站起身来。

做出那些选择之后，你就选择了自己的一生。

电影《再见，不联络》中，有这样一句台词：

人生中有许多个十年，但如果刚好是十八岁到二十八岁，那就是一辈子了。

别在最好的年纪，对痛苦束手就擒。

有个像样的兴趣爱好,究竟有多重要?

从美国留学回来的 K,席间讲起他的一次艳遇。

那是纽约连绵的雨季,他从市区坐地铁匆匆赶回学校,一不留神,在地下通道里狠狠地跌了一跤。摔倒的姿势自然是不大好看,由于惯性,整个人甚至在光滑的地砖上滑行了一段距离,以至于路过的吃瓜群众虽面露同情与关切,脸上却依然藏不住显而易见的笑意。

他以并不优雅的姿势艰难地爬起来,听到身后传来一声戏谑的轻笑。他回头看到一个金发碧眼的长腿姑娘,抱着一把吉他,面前放着麦克风,一副街头卖艺的模样。他又窘又气,迎上姑娘的眼睛,脱口就是一句:

"You are such a Siren.(塞壬是古希腊传说中半人半鸟的美丽海

妖，惯以美妙的歌声引诱水手，使他们的船只或触礁或驶入危险的水域。）"

不得不感慨，这句话说得真是有水平，一方面夸了姑娘人美歌甜声音好，另一方面又为自己惨绝人寰的狗爬摔找了绝佳的台阶和借口。

那位姑娘显然也听懂了他话里的双重含义，笑眯眯地发出邀请："那么……为表歉意，请你喝杯咖啡如何？"

她并不是街头流浪的歌者，而是哥伦比亚大学声乐系的学生，周末闲暇时就会到热闹的人群聚集地自弹自唱。两人相谈甚欢，从希腊神话聊到罗马文明，惊喜地发现两人的爱好是如此相似。

三个月后，那个女孩成了他的女朋友。

在座的男生无不大呼："你小子真是运气好，摔个跤都能摔出这么标致的女朋友。"

他们在一旁玩闹，我却忽然想起早在当年上学时，他就对希腊罗马文化十分痴迷，一本厚厚的希腊神话翻了无数次，还常常跑到我们学校来蹭相关的课程。

"你看这些有什么用呢？一点意思也没有，还不如跟哥们儿组队打会儿游戏。"常常有人这么说。

我想不起他如何作答，此刻却觉得十分庆幸。

庆幸他读过那些书，也庆幸他说出的是"你真像个塞壬"，而不是一句"你瞅啥瞅"。

以前读吴晓波老师的《大败局》,他在书中讲述了中国第一代靠炒股投机发家的超级富豪,他们几乎无一例外,都是以破产,甚至被抓、被杀为结局。

他总结这些人都有一个大问题,那就是没有一个像样的兴趣爱好。除了一些人看足球之外,剩下的人的兴趣爱好主要是嫖娼,这样的人的境界可想而知,即使运气好有了财富,也难以守住财富。

而我更喜欢的是吴军老师的那句解读:

人啊,不能到了发现自己格局太小时,才想起做自己该做的事。

兴趣不仅仅是让自己开心,更重要的是提升自我。在把兴趣爱好提升到极致的过程中,能够让自己得到升华。

我有一个朋友,她最大的爱好是做甜点。她每周都会看十几个不同的菜谱,分析其中的不同之处,研究每种材料的作用和不同火候产生的不同效果,放在碗里的一坨平凡无奇的奶油,到了她手上,就成了蛋糕上开出的一朵朵形态各异的花。

我很喜欢到她家里做客,最大的理由诚然是为了蹭吃,可看着她极其耐心地做着蛋糕的模样,本身就是一种享受。

专注、平和、强大到不可动摇,却又会因为裱出了一朵特别好看的糖花而露出小女孩一般欢欣雀跃的神情。

那是在工作中不大会有的心情,是在追韩剧时不会有的状态,是在买买买时不会有的神色。

有些快乐，非爱好不可得。

有次跟一位朋友聊天，她感慨说，成年人的生活真的是太无聊了。

上班八小时，睡八小时，通勤两小时，剩下的六个小时，无知无觉就过去了。

没有什么特别想做的事，也没有什么必须要做的事。

在床上玩会儿手机，在商场闲逛一圈，打开 App 追一集综艺节目，一天也算是满满当当，可临睡之时，却总还是觉得缺了点什么。

我想，那大概是满足感吧。

你花费时间，跟时间消费你，终究还是不一样的。

我不知道有多少人在每天的八小时之外还坚持着自己的兴趣爱好，但我真的很喜欢跟那样的人交往。

你很少从他们嘴里听到"无聊""没意思"和"不知道要干什么"的沮丧和迷茫，也很少听到他们打了鸡血似的叫着"要坚持""要努力""要加油"。

你可以在他们身上看到这世上很多美好的东西，一片花瓣可以变成项链吊坠里的标本，街头的二猫大战会变成惟妙惟肖的手绘漫画，三个杯子五个碗就能敲出一首《雪绒花》，在秋冬深夜缩脖缩手往家赶的时候，会忽然指向一处月影：林下漏月光，疏疏如残雪。

他们也是人海中很不起眼的人呀，但你透过他们，却能够看到更好更美的人生。

你或许会觉得，在已经足够繁琐的生活中保持兴趣爱好太累了，还不如随便打发时间来放松一下。

而我曾经看到过很精绝的一句比喻：

> 就好像是在风雨大作之夜蹲在破茅屋之内，围一圈柴火，细细烤一只瘦弱的鸡，身子被雨淋得半边稀湿，但只要护住那点柴火，心情便是愉悦的，在这个粗鄙破落的世界里，仍有为人的乐趣与自尊。

人生实苦，身不由己，可你总能从你喜欢的东西那里偷来一点满足和快乐。

那种快乐，不是你在打王者荣耀时赢了一局就喜上眉梢，下一局遇到猪队友又恨不得把手机砸掉的反复无常；

不是你攒了很久的钱，好不容易买得起自己喜欢了很久的包包，还没几天又喜新厌旧地看上了另一款的永不餍足；

不是佛系三连"都行、无所谓、没关系"的消极和倦怠。

它们带给我们的，是不急不躁的温热感和不狂不疯不从众的好奇心。

走一步是一步，每一步都不一样。

而自己喜欢的每一天，才是最好的人生。

你所有的多愁善感，还不都是因为闲

一个女孩深夜给我发来一条求助的微信，开头是三个大写的字母"SOS"，紧跟着的是一长串痛哭的小黄脸，说自己已经失眠第三天了，怎么想都觉得不对，于是来询问我的意见。

事情的起因非常简单，她大学宿舍里一共有六个舍友，除了宿舍的微信群之外，她跟其他两个关系不错的女孩还拉了另一个群，在群里聊一些闺密间的体己话。

而就在前几天宿舍夜聊的时候，她一不小心将其中一个姑娘在群里讲过的话说了出来。当时大家正聊到兴头上，好像并没有人留意到这个细节，她却一直特别忐忑，生怕那女孩想起来会不高兴，也生怕其他舍友问起为什么她们还会有一个小群。

她的每一个字里都充满了战战兢兢的情绪，问我："你说我要不要主动道歉？可是她好像真的没注意到，如果我道歉了的话，会不会显得此地无银三百两？"

"我真的很珍惜跟她的友谊，她成绩好人缘也好，参加了好几个社团，每次有活动都会叫上我。我真的很害怕因此得罪了她，她再也不拿我当朋友。"她说。

契诃夫有一篇小说，叫《小公务员之死》。书里讲的是一个小公务员在剧院看戏时，不小心冲着一位将军的后背打了一个喷嚏，便疑心自己冒犯了将军，惟恐将军会将自己的不慎视为故意冒犯。小公务员因而一而再再而三地道歉，将军被搞得不胜其烦，态度也从真的毫不在意慢慢转变为大发雷霆，而这位小公务员在遭到将军的呵斥之后，竟然吓得一命呜呼了。

一百多年前吓死小公务员伊凡·切尔维亚科夫的问题，今天依然在困扰着那个女孩。

而我在跟亲戚家上初中的小姑娘讲起这篇小说时，她拍着面前厚厚的一沓作业本愁眉苦脸地问我："可是他都不忙的吗？我才上初中，每天写完这么多作业就什么都没空想了。大人不都是很忙的吗？怎么还有时间浪费在这种鸡毛蒜皮的小事上？"

当时真是恨不得为小姑娘的一语中的拍手叫好，而我在一篇文章中看到的另一句话则更让人心有戚戚：

一生很短，但总有人以为日子还长，所以永远把时间浪费在讨好他人上。

世界很大，但总有人把心思全用来揣测人心，好像生活在小村庄里一样。

我们的生活往往会陷入这样一个怪圈：因为没事做，所以烦恼，因为烦恼，所以更静不下心来学习和工作，而因为闲得发慌，又生出更多的小九九，不可与人言，也不知如何与人言，最后又全都化成拖后腿的内耗，一边闲得无聊，一边累到无力。

我有一位女友，自从大学毕业之后就直线发胖，体重一路从九十斤飙升到一百三十斤，而自从她突破了一百三十斤大关后，有关体重的讨论就成为了大家聚会约饭时的禁忌话题。

一提到胖、身材或锻炼，就像是碰触了她的逆鳞，她的脸色就会立刻沉下来，弄得好几次聚会都不欢而散。

就在我们极力忍耐，犹豫着是否要将她列入"聚会屏蔽名单"时，她加入了微商的大军。她卖的是云南那种手工缝制的长裙，从谈价、拍摄到售后都做得井井有条，有时上新款时联系不到合适的模特还会自己亲自上阵。她还利用假期去实地考察了几次，在又一次的聚会上笑眯眯地给我们发起了她从云南带回来的土特产。

大家聊着聊着，就聊到了她代理的衣服上，另一个心直口快的女孩一边刷着她发在朋友圈的美图，一边顺口说道："我觉得你这几张拍得不好,有点显胖,万一有人觉得自己穿上也是这个效果,可能就不会买了。"

话音刚落,在座的我们便立刻噤声,本以为她会像以往一样大发雷霆,谁知她却很专注地拿着手机凑过去,问:"那你说我应该站哪个角度比较好?侧面的效果会不会好一些?肩膀这里要怎么弄才能看上去不那么僵硬?"

神情专注,眼神灼灼,好似脱胎换骨,而她脸上那种近乎尖刻的敏感,也早已在不知不觉中蜕变成了认真。

后来的后来,当我们再次聊起这件事,她十分感慨:

"以前上学的时候,总觉得找一份事少轻松离家近的工作就满足了。后来倒是好不容易进了国企,每天喝喝茶看看微博三点半准时下班,可是日子并没有因此变得好一些。有时看到你们在忙,而自己又不知道能做些什么的时候,真的很焦躁,越焦躁就越是觉得全世界都在看我的笑话,走在大街上人家多看我一眼,我回去都要耿耿于怀好几个小时。

"现在哪还有时间想这个,我双十一的货还没准备好呢。上次去云南的时候看到当地人编的花帽子也特别好看,我还在考虑如何把它们搭配起来卖呢,哪儿有时间纠结别人怎么看我。"

我一边听着,一边默默地取消了"屏蔽她的朋友圈"的设置,头一次有点感谢微商,让我又找回了这个朝气阳光的好朋友。

我们常常讲,一个人如何度过下班后的四个小时,如何度过周末,会在日积月累中影响这个人的一生。

这并不意味着你每个小时都应该孜孜不倦地学习或阅读,每个周末都需要风雨无阻地去充电、去上课,比形式更重要的,其实在于心态。

你是在享受着工作一天之后难得的清闲,一个无事小神仙的轻松周末;还是一边焦虑地觉得自己不够好,同时又因为胡思乱想所带来的焦躁而饥不择食地想要尽快把时间打发掉。

玩自己根本不喜欢的游戏,追一部让你打瞌睡的剧,心不在焉地刷淘宝,一遍遍地刷着微博也笑不出来……一边因为又熬完了一天而庆幸不已,一边却深恨自己的没出息与不勇敢。

我很喜欢李松蔚老师在一篇文章中写到的这句话:

内心的压力太大,外部的压力又太小,这两种状态合到一起,导致的是一种无所事事的忙碌,可在假性忙碌的同时,你不快乐。

而改变这种状态的最佳方法,并不是灌下一碗鸡汤,跟自己说一句"今天也要努力啊"之类的不痛不痒的话;而是立刻动手,开始做点什么事,开始创造一点价值。而你所创造的价值,会不断地反向塑造你的人生。

如果喜欢写作,不妨从今天开始提笔练习,而不是永远停留在"万一我红了,我周围的人会不会嫉妒和讨厌我"的杞人忧天里。

如果喜欢打游戏，那就以参加顶级的游戏赛事为目标认真研究与练习，别在意周围"他一个玩游戏的能有什么大出息"的噪声与杂音。

如果不愿意失去很优秀的朋友，患得患失于事无补，最好的方法就是跟上她的步伐。

但愿你别闲，但愿你能懂。

厌过

小学的时候,妈妈的发小来我家做客,送了我一只巴西龟。

在那个时候,乌龟还是个市面上很少见到的稀奇玩意儿。我把它放在床头,每天喂食换水,碰都不肯让爸妈碰,晚上还要跟它说几句悄悄话才睡。

它来我家满三个月的时候,刚好赶上六一的联欢会。我央求爸妈一整天,他们才许我把小龟带到学校去玩,班里的同学像见到宝贝一样纷纷围过来,说着好话,让我把它借给他们玩一会儿。

我原本就是为了显摆,立刻慷慨地允许每个人玩小龟三分钟。托它的福,我也像众星追捧的那轮明月一样,成了那一天最受欢迎的人。

就在我乐滋滋地享受时,同桌慌慌张张地跑来说:"你的龟好像不见了,你快去看看。"

我匆忙地跟着他跑到操场,只见以女班长为首的几个同学正围着一个下水道口。见我过来,女班长站起身,指了指下水口:"它好像掉下去了。"

那甚至不是一句解释,而女班长的脸上也毫无歉意。我看着黑黢黢的下水道难过得差点哭出来,可是抬起头,我说的却是"没关系"。就连爸妈问起的时候,我也说是自己不小心弄丢了小龟,难免被责怪一顿。

可最让我难过的并不是批评,而是我最好的朋友被弄丢了,我却没有为它伸张正义的勇气。

中学的时候曾喜欢过一个男生,他阳光又帅气,好看得像棵挺拔的小白杨。

那大概是我第一次心动,日记本上写满了他的名字。每个课间陪不同的女同学去上厕所,只为从前门进来的时候可以堂而皇之地路过他的桌子。他喜欢的明星,我如数家珍,他喜欢吃的零食,我常年囤满抽屉。

可我的同桌也喜欢他,她是年级里出了名的大美女。

他坐在我们前面,每次回头找我们聊天或是借东西时,我同桌都会殷勤地回应。而我呢,甚至连直视他的眼睛都不敢,总是假装一副爱理不理的样子,用单音节回应。

后来,他跟我说话的次数变得越来越少。偶尔与我盯着他的目光相遇,他总是会露出那种官方、客套的笑容,嘴角上扬,露出八颗牙齿。

后来的后来,我们在一次同学聚会上重逢,他坐在我身边,借着一点酒意问我:"其实那时候我挺喜欢你的,但你是不是特别讨厌我?每次我专程转过去跟你搭话,你为什么总是爱理不理?"

那时我们都已经大学毕业,我也有了自己的男朋友,于是我只是笑了笑,说:"是啊,谁让你贫。"

没说出口的那句话,大概永远也不会说出口了吧。

那年,我也喜欢你。

大学的时候,有次出国旅游,一个根本就不熟的同学不知从哪儿听到了消息,跑来拜托我帮她带一双鞋子。

我本想拒绝的,可是又不好意思开口,于是便在假期的最后一天跑遍了三个大商场帮她挑心仪的颜色,花了二百多块用境外流量给她发照片。而当我买到鞋子,又专程买了个大行李箱帮她拖回来之后,她却轻描淡写地说:"哎呀,实物还是不如照片上好看。要不你自己留着穿吧,我让我男朋友下个月给我买最新款。"

你38号的脚,我36号的脚,我怎么穿?

我贴钱贴时间帮你把鞋子买回来,你说不要就不要,能不能对自己的话负一点责任?

我真是瞎了眼才答应你。

我脑子里有一千万匹草泥马呼啸而过,可说出口的却是一句"好吧"。

而那双鞋子在我宿舍的床下一放就是三年，直到我毕业的时候，连盒子一起被我扔掉。

上班第一年的时候，跟朋友约好了十一去度假，提前三个月就开始看攻略、规划线路，而到了九月底，老板却把我叫进了办公室："我知道你是最早跟我请假的，可是你看，这个项目到时候肯定还需要人盯着。小宋要准备资格考试，小李要回老家，小张男朋友要来提亲，小赵说她身体不好……你委屈一下，这个十一先顶上吧，明年我保证让你休。"

我很想告诉他，小宋在搬家时早就把书打包卖了废品，小李的老家离公司只有短短两个半小时的路程，小张的男朋友已经分手了半个多月，小赵每晚都熬夜看剧到一两点。

可是我说："好的，老板。"

我去退掉了票，放了朋友的鸽子，险些被她绝交，说了一箩筐好话才让她消了气。

叶嘉莹老师说："国人有弱德之美。"

雨果说："世界上最宽阔的是海洋，比海洋更宽阔的是天空，比天空更宽阔的是人的胸怀。"

纪伯伦说："一个伟大的人有两颗心：一颗心流血，一颗心宽容。"

可是我却从未因为自己的"光明伟大正确"而更快乐一点。

相反，我无比痛恨那个怯懦虚伪的我自己。

保护不了心爱的宠物，爱不到想爱的人，该开口时畏缩不前，该决断时又拖泥带水。

而我身边的人,是否因为我的"宽容和忍让"而多喜欢我一点呢?

并没有,因为在他们的眼里,我不过是个可以任意欺揉的老好人。

有事相求的时候姐妹相称,平安无事时爱理不理。反正你也不会拒绝,反正你也不会生气。

我并没有因此变成那个人缘很好的姑娘,反而因为自己潜意识里认为"跟人交际总是吃亏",而变得更加敏感内向。

表面波澜不惊,内心却充满戾气,不愿和身边的任何一个人产生联系。即便是正常范围内的付出,也忍不住会怀疑"对方是不是在占我便宜"。

想起这些,是因为有个小姑娘在后台给我留言,说:"姐姐我好羡慕你啊,感觉你很有原则,会说,也敢说。不像我,在人前一句话也说不出来,只好自己默默地生闷气。我觉得自己好尻啊,怎么改?"

没有谁生来就是勇士,也没有谁从一开始就能把握住人际交往的分寸。而治疗"尻"最好的良药,不是什么大道理,而是问问你的心:

你所得的,是否是你所愿?

你所愿的,能不能弥补你失去的快乐?

你到底喜不喜欢这样的自己?

勇气自察觉而生,改变自勇气而始。

希望你明白得不太晚,只愿你想通之后的每一天,都能喜欢自己多一点。

Part 5
你哭什么哭?真没出息!

所有的情绪管理归根到底,都是考验一个人与自己的脆弱相处的能力。

保留感知脆弱的能力,但不要成为脆弱的俘虏。毕竟最好的安全感,并不来自于"从不被伤害",而是有勇气袒露自己的心,也相信没有人会伤害你。

你哭什么哭?真没出息!

有次跟朋友去附近的野生动物园,一路坐观光大巴开进猛兽区,正巧赶上了动物们的开饭时间。前面一辆车上的饲养员刚从车顶抛出几只活蹦乱跳的大公鸡,立刻就有一头狼进入了我们的视野。

它以迅雷不及掩耳之势将一只鸡扑倒在地,一口咬断了脖子之后,忽然示威似的抬起身,猛地扑到了车窗上。虽说隔着双层的加厚玻璃,可狼爪拍上车身时的力度依然使大家都不由自主地倒退了半步,而那还挂着血的狼牙更是让人心有余悸。

成年人尚且如此,我们后排坐着的一个三四岁的小男孩更是被这一扑吓得哭出声来。车上的工作人员连忙从前面走过来安慰他,却听到孩子父亲的一声暴喝:"哭什么哭!眼泪给我咽回去,在家怎么教你的？一出来就哭哭哭，真没出息。"

孩子被父亲吼得一愣，求助地看向母亲，母亲却没有一点安慰他的意思，反而附和道："是啊，你是男子汉，可不能这么胆小，快别哭了，你看大家都笑话你呢。"

父母既然已经如此表态，工作人员和旁边想要安慰小男孩的其他游客也只好讪讪散去。那孩子虽然擦干了眼泪，可再也没了一开始兴冲冲地往车窗前凑的勇气，一直没精打采地窝在座位上，就连后来下车去看毫无攻击力的梅花鹿和羊驼时，他也只是站得远远的不肯靠近。

他母亲将一把青草塞到他手中，让他去喂长颈鹿。他看着面前六米多高的庞然大物，犹豫着不敢上前，眼看父亲又要发飙，便索性将手上的草扔到地上，往后退了一步，说："我不想去，它太脏了。"可他的眼神明明还是害怕的。

这个年纪的孩子还没有成熟到能够分辨肉食性动物和草食性动物，但又担心因为流露出胆怯的神情而被父母责骂，于是只好通过切断外界刺激的方法来逃避害怕的心情，到了躲也躲不过的时候，便只好用嫌弃来掩盖恐惧。

谁说稚子无知？他才那么小，就已经学会了掩藏真实的情绪。

有个小姑娘找我聊天，说从记事起，自己就被当作男孩子教养。她从未留过齐肩的长发，也从没穿过裙子、戴过发卡或手镯。可最让她苦恼的并不是这些外在的要求，而是从情感上，她也被要求要像个男生一样勇敢坚毅。

运动会跨栏时摔了一跤，膝盖流了好多血，不仅得不到家人的安慰，退赛后反而被父母批评了一顿："就这点小伤有什么忍不了的？别像个花骨朵似的见不得风雨。"

月考发挥失常，名次下降了好几名，失落与颓丧不仅无法跟父母沟通，但凡显露出一点不开心，还会被父母教育："难过有什么用？有难过的功夫还不如抓紧时间学习。"

多愁善感是错，胆怯犹豫是错，患得患失也是错。她被允许拥有的情绪只有一种，那就是如同她父亲一般的坚强和无畏。

可越是想要表现得勇敢，内心就越是脆弱得不堪一击，看电影会哭，听歌会哭，就连偶尔翻到一篇略带伤感的课文，分析中心思想的时候也会忍不住流泪。

她紧张兮兮地问我："我这算是精神分裂吗？我知道爸妈的话都对，也都是为了我好，而且我自己也不想成为一个娇滴滴的爱哭鬼。可我有时就是身不由己，怎么告诉自己要勇敢、要坚强都没有用，就像身体里住进了另一个人似的。"

芭芭拉·安吉丽思在《如何在爱中修行》一书中，提到过家庭关系里的"跷跷板原理"：

一个家庭的情绪能量是守恒的，快乐、伤心、沮丧、愤怒等等，都是无可回避的正常情绪。但是当有家庭成员试图压抑自己或他人身上的某一情绪时，这一情绪就可能通过另外一种形式，在另外一些场合更猛烈地表现出来。

压抑得越狠，爆发就会越猛烈。而一个在家庭中不被允许表达情绪的人，一旦进入到相对私密的场景中，情感的爆发强度便也高于常人。因为他所承担的，并不仅仅是自己的感受，还有全家人隐而不发的情绪。

遗憾的是，大多数家庭都缺乏表达情绪的沟通技巧和梳理情绪的管理能力。

对一夜未归的恋人明明只是关心，出口却成了"你死到哪里去了？心里是不是一点也没有我"的指责与抱怨。

对父母事无巨细的唠叨心生不满却不知如何沟通，只好通过自暴自弃来向父母证明：看看，就算是听你们的我也过不上好日子。

明明被调皮的熊孩子和万事不管的甩手伴侣弄得精疲力尽，却还要努力维持一副贤妻良母的形象。而那些深藏于心的抑郁、愤怒与悲伤在"跷跷板原理"的放大下，会让孩子为了获取更多的关注而变本加厉地调皮捣蛋。

既害怕因为表露真实而受伤，又因为别人不能透过伪装看穿你真实的情绪而失落和懊丧。正是这两种相互矛盾的心态，一点点将我们变成了那个永远不满足、永远在抱怨而又毫无安全感的假面人。

胆怯是错误的，所以用愤怒代替；自卑是可耻的，所以用虚荣伪装。人无法选择性地只压抑某一情绪,想要摒除某一特定情绪的影响,唯一的方法就是去压抑自己感受情绪的能力。

封闭心扉的时候固然能刀枪不入、百毒不侵,可是久落尘埃的内心一旦被其他情绪唤醒,之前所压抑的情绪便会变本加厉地释放出来,将现有的关系搅得一塌糊涂之后,又会使你陷入封闭——爆发——封闭的死循环。

而所有的情绪管理归根到底,都是考验一个人与自己的脆弱相处的能力。

保留感知脆弱的能力,但不要成为脆弱的俘虏。

毕竟最好的安全感,并不来自于"从不被伤害",而是有勇气袒露自己的心,也相信没有人会伤害你。

"万一呢?"你或许会问。

那就再努努力吧,培养出一颗更好、更美、更强大的心来。

你就是栽在太上进又想得太多

参加完同学聚会就闷闷不乐的小A忍到了九点多，终于还是敲开了我的门，整个人像是一只被雨水淋得透湿、无精打采的猫。她将手中的可乐一饮而尽，自暴自弃地瘫倒在沙发里，呆了半晌之后才幽幽开口："你说我这么拼，到头来却好像什么都没得到，到底是为了什么呢？"

她已经很多年没碰过碳酸饮料了，无论是独处还是与人聊天，永远保持着脊背挺直的淑女姿态。然而，将她许多年的坚持一夕打垮的，是那位同学聚会上三年不曾见面的老同桌。

那个女孩学习一般，高考成绩只够勉强上个三本，然而才上了一年，她就辍了学在家捣鼓服装设计。女孩每天只画三个小时的图，其余的时间则过得十分潇洒，翻翻画册，看看美剧，周末还会参加各种沙龙，与别人聊天交际，收入常常在四位数和五位数之间浮动。而这位老朋友的婚讯，成为了压倒她的最后一根稻草。

"倒也不是见不得别人好，就是觉得自己活得很委屈。你说她学习不如我，长得没我好看，身材不如我，工作的时候也没我拼命，可我还是个给人打工的单身狗，她却已经成了将为人妇的女老板。"

她长长地叹了口气，眼圈有些泛红，问我："这世界不是一分耕耘一分收获吗？我都已经这么努力、这么拼命了，为什么得到的还是现在这个结果？"

这话要是出自别人之口，我一定会毫不犹豫地质疑她的努力程度和方式，可从小A口中说出来的，却是大家有目共睹的实打实的拼命。

没日没夜地加班，一个人做三个人的工作量，一路从新人爬到部门经理，每年有一小半的时间在做空中飞人。

为了保持身材连喝杯奶咖都要小心翼翼地计算着卡路里，对着冬日里热腾腾的火锅疯狂咽口水，但依然克制着伸筷子的欲望。

明明是个理科生，却为了提升自己而买来哲学和文史相关资料的大部头，强撑着快要合上的眼皮认认真真地阅读、记笔记。

过敏红肿到想把自己的脸皮撕掉，可接到客户的电话还是会带着精致的妆容去参加会议。

然而你在这边扮演着拼命三郎，那些远不如你努力的人，他们过得……好像也并不差。

身材相貌没你好的人结了婚，而你还在七夕的前一天默默哀嚎；没你勤奋聪明的人当了老板，而你还坐在格子间苦命地打工；没你情商高、人脉广的人连发个不开心的朋友圈都有人陪伴安慰，而你在傍晚的街头独自缩着脖子打车；连王勃和黄渤都分辨不出的人的孩子都已经快学会走路了，而你还在深夜里翻一篇雪莱自寻烦恼。

倒也不是羡慕嫉妒恨，但依然会在某个瞬间，觉得自己过得很不值。

我认识的一个很优秀的小姑娘今年毕业，来找我聊天，说已经面试了好几家公司，但迟迟没拿到 offer，看到身边跟自己差不多乃至不如自己的人都签下了合同，便焦虑得每晚夜不成眠，大把大把地掉头发。

"明明很清楚并不是在跟别人攀比，却依然难免会对自己产生怀疑。自己一直以来的优秀，会不会只是表面上虚伪的假象？而真正的自己却什么都不会，什么都不行。一想到这点就好绝望，强撑着去图书馆看书，可是根本什么都看不进去。觉得自己好差劲啊，努力了四年，到毕业时却还是这副鬼样子。"她说。

这或许是很多努力上进的人的通病，就像一根一直以来绷得太紧的绳，从不允许自己偏离计划中的轨迹哪怕一分一厘。堪堪迈出第一步，就早已规划好了未来三年的林林总总，一旦被强大的外力吹得偏离了轨道，整个计划立刻全线崩溃，人也失落得不知道该怎样才好。

我刚工作的时候,带我的前辈跟我讲了这样一段话:

在职场中,真正更走到最后的并不是那些一开始就特别拼命、显得特别聪明的人。慧则多思,强则易折。这种人遇到瓶颈曲折时,往往特别容易钻进自暴自弃的牛角尖,直接从十分掉到一分。后期成长得更快的,反而是那些看上去有些驽钝的新人,他们对挫折的耐受力比较强。

而后来我也亲眼见证了一个小姑娘因为一个项目的推进不顺利而当场在会议室里崩溃的大哭,无论多少人来安慰她、肯定她,都无法改变她的自我否定。那之后她连续迟到了一周,每天都像只被霜打了的茄子,最后终于承受不住压力,向上级提出了辞职。

真的很可惜啊,她本有可能成为当年入职的那批新人中最好的项目经理。

堺雅人在《Dr. 伦太郎》中饰演的心理医生在面对病人时常常会说一句话:

请不要再努力了,你已经努力到了没法再努力的地步了吧。

而我喜欢的作家张春在《一生中的某一刻》中,讲述自己的长跑经验时则更加直白:

在每一个抬起酸痛的腿、粗声喘气的瞬间，支撑我再跑一步的，从来都不是什么坚强、努力和自律，就只剩下一个念头：

明天，我不来跑步也可以。

因为没有了必须坚持所带来的压力，才能努力做眼下最好的自己。

而我们却往往不是，我们想得太多、太远又太好，一旦实际情况跟自己的想象脱轨，就会立刻被自责、无措和失落淹没。

这样的完美主义，在短时间内来看，或许会帮助我们接近成功的大道，但想要在这条路上一直走下去的人，除了努力和聪明之外，还需要学会自我调节和适时放弃。

你的人生还那么长，别让自己倒在最开始。

努力和上进都很好，但最难得的，是平常心。

你也曾经是个胆小鬼吧

有位读者给我发私信,说真想大醉一场,明天就裸辞,在公司的每一分钟都像是炼狱。

她在一家知名公司的市场部工作。前段时间,公司接了个大客户的项目,为了选拔人才,公司破天荒地将这个重要的客户分给了她和同年入职的另一个女孩。两人合作了一段时间之后,那个女孩提出分工,建议性格内向的她多负责数据分析和项目监管的书面工作,而自己则主动承担了跟客户与老板沟通汇报的部分。

她本来就不喜交际,立刻从善如流地答应了下来。项目推进得并不顺利,她们做得认真且辛苦,终于还是按期达到了客户方所提出的所有指标。她满心欢喜,十分笃定自己能在月底拿到不错的奖金。

项目结束的第二周，公司高层就发出了一封表示认可的邮件，可她却傻了眼。邮件通篇都是对那个女孩的称赞和表扬，而她的名字，只出现在最下方的一行小字里：另有××、×××等同事，也对项目的成功做出了贡献……

她心塞得要命，却又碍着脸皮薄，不好意思开口问老板，也拉不下脸面去质问那位同事，抱着"日久见人心"的念头硬生生地忍了下来。可就在那个月底，她发现自己的奖金只有那个女孩的三分之一。

这一口闷气还没咽下，她的部门经理又因为家庭原因忽然离职，老板直接指定那个女孩接任经理的职位，理由便是她负责的项目给客户和上级领导都留下了很好的印象。

就像是那个踩着你肩膀爬上去的人又去搬来一个小凳，从此稳稳地压在你的头上，让你反抗无路、逃离无门。她连夜写好了辞呈，第二天却又很怂地撕掉，依旧带着笑容去上班，但每一次硬扯着面部肌肉让嘴角扬起的时候，都忍不住感到难过。

"所有的数据分析和市场调研都是我做的，熬了多少个夜，脚上磨出多少个水泡，为什么只把我的功劳一笔带过？我们的工作业绩如何，大家有目共睹，为什么到了晋升的关键时刻，机会却与我擦肩而过？不是说默默的努力总会有回报吗？为什么总是会哭的孩子才有奶吃？

"这世界真的太不公平了，真的。"

她在连着问了我三个为什么之后,这样感慨道。

"那你怎么不讲出来呢?"我差点脱口而出,然而敲完之后犹豫半晌,又一个字一个字地把它删除。

我太清楚她会告诉我的答案:

因为害怕把关系闹僵了啊。

老板会不会觉得我在争功呢?

同事们都会怎么看我呢?

思来想去,还是自我安慰道"这点小事不要放在心上",灌下一碗"是自己的谁都夺不走"的鸡汤,然后含恨睡去,自欺欺人地当作什么都没有发生过。

另一个女孩跟我讲过这样一件事:

她在一个聚会上认识了一个男生,那个男生主动要了她的微信,每天晨昏定省、嘘寒问暖,言语间透露着"你是我准女友"的亲昵和暧昧。后来两人又见了几次面,在一场电影结束之后,那个男孩牵了她的手。

她像所有动了心的女孩一样倾尽心力地奉上全部的爱意,为他洗手做羹汤,为他搭配T恤、牛仔裤和鞋子的颜色,为他攒两个月的零花钱买Xbox作为生日礼物。本是甜甜蜜蜜走下去的剧情,却戛然止于他的销声匿迹。

其实也算不上消失,他依旧会发朋友圈、发微博,但唯独对她的消息爱答不理。她鼓起勇气打电话过去,得到的也不过是冷漠的几句敷衍：哦，你有事待会儿再讲，我在忙。

她纠结了许久，来找我商量，问我："我觉得自己成了他的备胎，你说，我是不是应该找他问个清楚？"

可还没等我回答，她便否定了自己：

"可是他也没认真地说过喜欢我啊，是不是我自己自作多情了？"

"他拉我的手又是什么意思？但是拿这么小的事情去问他，会不会显得太古板保守啊？"

"我这样上赶着去问他，会不会显得自己廉价不矜持啊……"

她有那么多的疑问，可直到今天，却依然没能问出口。那个男孩后来删掉了她的微信，而她只能暗自注册一个微博小号，时不时地看着他的动态长吁短叹，感慨渣男套路深。

她是清醒的姑娘，从他发朋友圈甚至都懒得为避开她而分组的那一天起，就知道他对自己并无真情。但清醒若搭配患得患失，于对方或是解脱，于自己却是毒药。

一点点消耗着你的自信，一天天腐蚀着你的斗志。这样的情绪让你变得越来越灰暗，越来越渺小，进而不被在意，不被关注，不被照顾。活在一个极其拧巴的世界里，其他的人却对此爱莫能助。

我曾经跟几位好友聊到"毕业五年你最大的感悟"的话题，有个姑娘的回答给我留下了非常深刻的印象：

你所有的懦弱和胆怯都是在惩罚自己，所有的鸡汤、鸡血和大道理，归根结底还不如一句"speak up"。

想要什么就讲出来，有问题就要发问，被冤枉要据理力争，意难平就要说个清楚。

并不是想要为自己去抢到什么便宜，只是这世界太过险恶。现实生活中没有头顶上帝光环的男主角和自带金手指的玛丽苏，你想要的，你想守护的，你所珍视的，都需要用力地去保卫、去争取。

我也曾经是个"脾气特别好"的人，好到近似于怂。

想要争取的机会，只要有人竞争，就立刻主动退避三舍。

并无深交的熟人提出超越界限的要求，即便再心不甘情不愿，也总是因为害怕得罪别人而勉强答应。

每迈出一步之前都要先脑补种种可能发生的情况，猜测别人会如何看待自己，会不会损害自己在别人心中的形象，等等。

旁观者或许会夸一句恬淡如水、与世无争，而我自己却心知肚明，像一只小白兔似的每天都过得战战兢兢、如履薄冰的我，其实一点都不开心。

我从未刻意让自己变得勇敢或强硬，不过是在成长中摔了一个又一个跟头，之后才明白的这个道理。

人生的路要自己走，摔倒之后，也不是所有人都会跑来扶你。萍水相逢，不落井下石已是仁慈。你若是心底还怀揣着一团火光，若是还想要向前走，就要先学会保护自己。

不用学三十六计和十八般武艺,心并不怕苦难,它怕委屈。

也用不着拥有一颗智计无双的七窍玲珑心。

只要一点点勇气,从第一句"我想"开始,学会说"我介意""我没有""我需要"。

你或许是这世上最在意你的人了,别那么轻易就辜负了自己。

见的人多了,就越来越喜欢钱

我有个朋友,他是那种很喜欢针砭时弊的人。他的公众号拥有读者七十多万,却在前段时间因为评论某一敏感话题被封了号,连与朋友们告别的机会都没有,只好新注册一个号重新来过。

他为人仗义热情,平时若有人找他"抱大腿"求提携,他抱着能帮就帮的想法从不吝啬,在一个一百多人的大群中人缘颇好。

被封号之后,他在群里说了这件事,委婉地表达了想麻烦大家帮忙推广一下新号,把之前的读者找回来的想法,应者甚众,他很开心地发了个大红包,便去准备新号的开张事宜。

可当他发出了新号的名片之后,除了几个交情甚密的朋友当天就空出一个头条来帮他推广之外,更多的人只是在群里发几句"开张大吉""一切顺利"之类的祝福,刷刷表情包,只是帮忙凑了凑热度。

他不得不厚着脸皮找之前整天喊着"抱大腿"的那些人求助,得到的答复却让他十分心寒。明明上一周还在哥长哥短、嘘寒问暖的人,如今却只发来一个冷冰冰的数字,说:"看在朋友一场的分上,我给你个友情价吧。"

他不知道帮过对方多少次,从未开口要过一分钱,而施受双方一朝互换,贴上来的笑脸霎时就变成了冷冰冰的屁股。

他心塞得不行,跟我们感慨,原以为自己朋友遍天下,没承想这世道,只有人情最不值钱。

虽说人心薄凉,可总想着用好心好意是能捂热的,现在才终于明白了,有些人的心,真的只能用钱来暖。

人各有志,怪不得他们,但我若有朝一日东山再起,也定会与他们锱铢必较。

"算情难,算钱谁还不会啊。"他说。

我认识一个姐姐,大学毕业之后跟男友一起去了上海。两人都在外企工作,月薪到手加起来两万多,一直恩恩爱爱的,俨然已经到了谈婚论嫁的地步。

她那时候年轻气盛,眼里容不下沙子,有次无意中发现主管将合同的成本价格泄漏给厂商以赚取回扣,立刻便给公司的法务部门写了举报信。

这件事闹得整个公司沸沸扬扬,最终却碍于那位主管无比坚硬的后台而无疾而终。

主管辗转得知是她举报,便开始有意地给她穿小鞋。之后两人之间的龃龉越来越多,而她一怒之下竟提交了辞职信,继而摔门而去。

她将前因后果对他和盘托出,却没有得到意想中的支持,他皱起了眉,叹着气批评她:"你太武断了,这种事忍忍也就过去了,怎么这么草率呢?你就这样走了,现在招聘季已经过了,万一找不到同等薪酬水平的工作怎么办?"

她有点难过,却还是笑嘻嘻地回答:"那刚好,我找一份离家近的工作吧,以后你回家也能吃到热饭。"

他沉默许久,不置可否。

她身在爱河之中,读不懂他的沉默,却心疼他忙忙碌碌,每天吃饭都没个准点。在面对一家前途好、薪水高但是要经常加班的公司和另一家钱少事少下班早的公司时,她选择了后者。从此她每天五点准时下班,顺路去超市采购,做好热腾腾的三菜一汤等他回家,颇有一副岁月静好的模样。

可他却并没有给她太多的耐心,一年不到就向她提出了分手。

"你我都是农村家庭出来的孩子,父母没有保险,家中又尚有老屋待修。当初跟你在一起,是觉得你聪明上进,工作好收入也高,我们两个结合,承得起家庭的负担。但你现在工作和收入都不稳定,我冒不起这个险。

"很抱歉，但像我们这样的人，是没有资格奢谈爱情的。"

他将一张水电费单留在桌上，下面写着她应付的金额，还有他的银行账号。

她将银行卡里最后的那点钱汇给了他，在黄浦江边大哭了一场。哭过之后，她收拾好自己所有的东西搬了出去。她辞掉了那份轻松的工作，转而去了一家以高强度著称的创业公司，每天工作十六个小时，装过孙子，背过黑锅，遭遇过职场性骚扰，被有背景的同事抢占过功劳。

可再苦再累，她也丝毫不敢生出"大不了我就不干了"的念头。

没有家庭可以倚仗，没有男友可以依靠，像是孤身一人漂在海上，工作是唯一可握紧的那块木头。而银行卡里的积蓄，也是唯一不会背叛她的东西。

她跟我讲起这件事时，已经是几年之后，此时的他已为人夫，妻子是个有房产、有企业的富家女。而她也已一路奋斗到总监的位置，年薪近百万，买了房子，将父母接来同住。

"其实我并不怪他。他从未骗我，也不曾拖延耽搁，换我们易地而处，我也未必就能撑得下去。"她苦笑，"只是好恨那时傻瓜似的自己，居然在最该好好赚钱的年龄，想把自己托付给爱情。"

本以为有情饮水饱，原是贫贱百事哀。

这世上最能带来安全感的就是赚钱的能力，其次是钱。

亦舒女郎喜宝讲过一句脍炙人口的鸡汤：

我想要很多很多爱，如果没有，那就要很多很多钱，如果两样都没有，有健康也是好的。

我相信每个人的一生中，都一定会存在无论你贫富美丑都会爱你、支持你的亲人、爱人或友人，可对于大多数人来讲，爱与友谊都是有条件的，它们不仅要求经济实力和社会地位的匹配，也需要旗鼓相当的眼界、心智、认知和资源。

到了某个年纪之后，甚至连健康都要用钱来交换。

很讽刺吧。

那个我们曾经最不在意的东西，却能很戏剧化地左右我们的人生。

有二十出头的小朋友找我聊天，聊完那些模糊暧昧的情感，我总会略显啰嗦地补充一句：

"爱归爱，也记得要好好工作、好好赚钱啊。"

相熟的朋友打趣我，说："你一个鸡汤博主，怎么回复得这么市侩庸俗呢？难道不该鼓励她们'尽情去爱，哪怕一无所有'吗？"

是啊，爱的时候，谁不想一身轻松、两眼无尘？

可一无所有之后呢？谁又会为你的人生负责？

每个人都会有幡然醒悟，明白赚钱的能力有多重要的时刻。而我只希望这个时刻对你来说能够早些，能够温柔缓和一点，能让你在尚未尝尽人情冷暖之前便能明白这个道理。

或许，这样你就可以过上好一点的人生。

年轻人别急着谈梦想，先去好好赚点钱

有读者给我留言，痛诉资本家的无情。

他一直有个骑行环游中国的梦想，从大三开始就积极地在各大平台网站上联络驴友。可就在准备出发的当口，他实习的公司正好赶上业务增长的繁忙期，每天连按时下班都是奢望，更别说请几个月的长假了。

他的经理也说得直白："你可以走，但肯定回不来，这个岗位有多少个应届生在竞争，哪儿可能留到你旅游完再来干。"

他恨不得转身就飞奔而去，却迫于囊中羞涩，父母又以断绝经济援助要挟他，所以只能乖乖地打卡上班。

他跟我吐槽说："这个社会真是太坏了，一点也不鼓励年轻人追

求梦想体验生活。"

我被他的神逻辑逗乐了，回复他说："社会不帮你实现，你可以自己帮自己实现啊。比如大学四年做点兼职挣些钱来充当旅费，比如好好培养一些技能让自己在竞争者中鹤立鸡群，再比如巧舌如簧忽悠得老板坚信非你不可，这不都是曲线救国吗？"

他显然从未考虑过这些，半晌才悻悻地回复一句："你说的这些太现实了……这可是我心心念念的梦想，谁会考虑这些小事。"

我懂他的言下之意：因为那是梦想，所以它必须是清高的，纯洁得不沾染一丝世俗的烟尘，最好配上风月下酒，成为一生不朽的追求。

可是少年，你连资本都没有，又要怎么去实现自己的梦想呢？我们都不是有主角光环加持的幸运儿。吃喝住行，门票车费，都是要靠真金白银去换的。

你能负担得起的才叫梦想，否则那不过是人生的负累。

巴尔扎克在《高老头》中写到伏脱冷开导拉斯蒂涅，教导这个怀揣着满满的梦想来到巴黎的外省青年认清自己的处境：

照你现在这个派头，你知道你需要什么吗？赶快挣一笔家财，而且要快，不然的话，你尽管胡思乱想，一切都是水中捞月，白费！

雄才大略是少有的，可社会上多的是酒囊饭袋。

我也曾经有一个梦想：在临水的地方开一家书店，前门卖花，后门看书，桌上摆一壶清茗，怀中卧一只小猫，过上无事小神仙的生活。

自以为有了盼头，便有了一份"大不了老娘就去开书店"的硬气。当时的我年轻不懂事，每每看到别人加班到深夜只为精益求精的时候，心底居然生出了一丝鄙薄，以为为了五斗米而折腰写字楼是一种目光短浅的表现。

当时带我的师父老梁知道这事时，回了我一声冷笑：

"就你现在这样子，还开书店，还无事小神仙？

"你知道每个月的租金多少钱吗？知道经管和社科类的图书有什么区别和联系吗？知道冷门书要从哪儿淘来吗？知道开张之后要如何营销和宣传吗？你知道付不起房租和水电费是什么感觉吗？

"梦想是很珍贵的，它的实现不仅需要心力毅力自制力，还需要真金白银大美钞。你什么都不懂，什么都没想过，你这才不叫梦想，不过是逃避现实的妄想症。"

我忘了自己当时是如何作答的，事隔多年，却依然清楚地记得他的这段话。

你以为有梦想很了不起吗？

才不是。

真正了不起的，是你最终可以实现这个梦想。

Randy Pausch 教授在《最后一课》的演讲里，回忆了这样一个小故事：

有一次上橄榄球课，老师却是空着手来的，没有带球。

学生们问："老师，没有球怎么上课呀？"

老师反问："橄榄球场上一共有几个人？"

"每队十一个人，一共二十二个人。"学生们回答。

老师又问："在比赛的任何一个时刻，有几个人可以触碰到球？"

学生们说："只有一个人。"

老师说："好的，那我们今天就开始学习那其他二十一个人要干的事情。"

这段小插曲影响了Pausch的一生，他的忠告是：

你需要把最基本的东西搞定，否则后面的事情都不会发生。

而我们却常常本末倒置，明明每一天都还在凑合和将就，明明还在摇晃着没站稳脚跟，却总是忙着先把梦和理想挂在嘴边，用以昭示自己的胸怀大志和与众不同。

我认识一个一心想要当作家的男生，他背着所有人辞掉了父母辗转托人帮他谋得的国企工作，立志在家全职写作。

破釜沉舟本应是个极其励志的故事的开头，然而他在家里宅了半年多，不但没能写成任何一部像样的书稿，寻求新的工作机会时也是屡次碰壁，最终耗尽了所有的积蓄，以不得不勉强接受一份比之前的待遇差得多的工作而告终。

我曾拜托几位图书出版界的业内朋友看过他"呕心沥血"写成的长篇小说，也曾帮忙寻找合适的出版社，然而得到的全都是几乎千篇一律的回复：语言这么粗糙，情节这么单薄，人设这么虚假，想出版，下辈子的事了。

在一次饭局上，他借酒感叹："世人有眼无珠不识真文学，我这一生时运不济，遇不到伯乐慧眼识珠，这才不得不屈身于生活的泥潭。"

也有朋友委婉相劝："现在图书市场竞争激烈，要想脱颖而出，还是得多贴近市场，考虑读者的感受和需求。"

被他瞪大眼睛反驳回去："我的梦想就是做真正的文学，那些恶俗不入流的畅销书，我才看不上。"

于是我对他仅剩的那点欣赏也被这酸腐又不切实际的清高消耗殆尽，到了后来，索性连他愤世嫉俗、长吁短叹的朋友圈也果断屏蔽。

我很喜欢这样的一段话，并把它摘录进每天随身携带的笔记本里：

真正混沌无求的时候，人可以随心所欲，但一旦你有了想做的事，就有了痛点和软肋，人一旦有了梦想，就会成为上帝的人质。

生活从不会因为谁怀有向往就对他青睐有加，它会将你反复锤炼、百般折磨，用以确认你怀有的是真正的追求，而不仅仅是不切实际的妄想。

我们总以为是梦想在激励着生活，但其实只有丰富的生活本身才能够支撑住摇摇晃晃的梦想。

你终将走向星辰大海，但前提却是先跨过门前的那道臭水沟。你总得有力气和智慧翻过那座大山，才能看到更远的世界。

别那么急着把梦想挂在嘴边。

多赚点钱，不辜负每一天，尽力去活得丰富且迷人，这才是实现梦想的最佳途径。

你不是没主意，只是太贪心

有个姑娘给我发来求助邮件，标题前写着大大的 SOS，我还没点开，就在预读状态下看到了开篇的那句：我在和我闺蜜的男朋友约会……

文中列举的无非是他多么爱她，而她的心态又是如何从严守距离转变为情不自禁。我本以为这不过是一篇为自己正名的辩白，没想到她却说：

"其实从我们刚开始在一起的时候，他做好了向她摊牌的准备。可是我真的不忍心告诉她，她这个人又大大咧咧的，有时候觉得就这样也挺好的，能瞒一天是一天。有时候我们三个人一起出去玩，就像是什么都没发生一样，感觉真好。

"可是瞒久了,偶尔也会觉得很累。最近我男朋友不乐意了,说这样下去人家会把他当成是脚踏两条船的渣男。可是我真的不想失去她这个最好的朋友,你说,我应怎么办呢?"

我回复说:"怎么办?当然是摊牌道歉,而且越快越好,越真诚越好啊。难不成你还等着某天你闺蜜醒来忽然移情别恋,然后把这位前男友让给你接盘?"

她飞快地回信:"可是她一旦知道了,肯定不会原谅我的,我们就连朋友也没得做了。"

"摊牌道歉不过是后知后觉的告知与补偿,朋友还有没有得做,从你对别人男友动心的那一刻起,就容不得你选择了。"

过了两天,她失望地回了我一句话:"原以为你挺厉害的才来问你,没想到你也不愿意帮我。肯定会有办法的,你不愿意帮我,我就自己去想。"

我并不想站在道德的制高点上指责她,只是觉得她太过贪心。

每个人都要为自己的行为付出代价。而一个人厉害与否,并不在于他能否跟结局讨价还价,而是在于无论要付出怎样的代价,只要做出了选择,他是否站直了去承担后果。

曾经有个还在上大学的小朋友愤怒地找我吐槽,说自己的舍友是个很没分寸感的人,总是用她的化妆品不说,就连她放在抽屉里的零钱,也被她当作是可以随手拿去的公用。

她脸皮薄,暗示了好几次不管用,又委婉地提了几次,却都被对方满不在乎的态度挡了回来:"咱俩啥关系呀,你不会这么小心眼,为了这点小事较真吧?"

她无计可施,只能来找我诉苦,我问她:"你既然这么生气,为什么不直说?"

她想了想,露出那种无辜又无奈的神情,说:"可我不想得罪人。"

"有没有什么方法可以让我'兵不血刃'地改掉她的坏毛病,同时还让她觉得我是个好人?"她真诚地我请教,可我却没办法做出回答。

我不知道有什么方法,可以笑嘻嘻地拔出另一个人身上根深蒂固的毒瘤,并且像洗脑一般让对方以为你从头到尾都是在为她好。

就在我苦思冥想的当口,这两个人终于爆发了激烈的争吵。导火索是那个姑娘擅自打开并使用了她男友送她的最新款的口红,而她这回终于不再客气,将对方狠狠地呛了一顿。

交恶在所难免,但那个姑娘自此便收敛了不少。她放在桌上的瓶瓶罐罐,从此再没有被乱动。

可她依旧忐忑地跑来问我:"我这是不是情商低的表现啊?没控制住自己的情绪,明明不想得罪人,却还是为了一点小事发了飙。"

我问她:"那你后悔吗?如果可以重来一次,你能假装自己无所谓吗?"

"不后悔。"这次她答得十分爽快,"就算是重来,我还是忍不了。我想了想,跟这样的人,可能始终还是无法成为朋友。"

"那不就对了。"我回复她。

我们对情商一词往往有个误解，以为它是这世上最锋利却不见血的利器，可以消弭一切矛盾于无形，同时却无损于我们自己温柔和善的人设光辉。但有时表现愤怒本身就是一种处世的技巧，它并不仅仅是情绪的爆发，而是我们在权衡利弊之后所做出的选择。

一个人的情商高与低，并不是看她能微笑着和多少次稀泥、忍多少口气，而是看这个人有没有智慧做出正确的判断，同时有勇气去承担自己的选择所带来的后果。

举足便迟疑，开口便后悔，一边痛苦不堪，一边左右为难，这才是低情商的表现。

我收到过很多私信，提问的人大多都在重复地说着"我真的不知道该怎么办"，可有趣的是，我却常常能在他们的提问中找到他们想知道的答案。

那些提问同事很拼，而自己压力很大无所适从的人，并不是不知道应该努力，他们想问的，是怎么才能既不用加班出差，又能脱颖而出的方法；

那些羡慕别人有男友女友，而自己却是万年单身狗的人，并不是不知道要走出去，要去爱人而不仅仅是渴求被爱，他们想问的，是如何才能不必付出，还能获取召之即来挥之即去的陪伴；

那些讲述同学龃龉，说自己拉不下脸不好意思直说的人，并不是不知道应该站起来维护自己，他们想问的，是如何才能够化干戈于无形，同时还无损于自己温柔大方、从不生气的好形象。

可是成年人的世界，并非像小孩子一样只要张着懵懂的大眼睛说着"我要"，别人就会无私地给予那样简单，而是看你为了自己想得到的东西，可以舍弃什么。

想要守住边界，就要舍弃老好人的面具；想要谈情说爱，就要舍弃单身时的自我和自由；想要鹤立鸡群，就要把别人所有的娱乐时间都用来精进。

你总要做出选择，而选择一定有其代价。

那是你从开始的时候，就应该知道的生存守则。

你就败在走得不稳却又太过着急

作者群里一个相熟的小姑娘深夜发来好几条微信,急切地找我帮忙,说自己被群里的一位大V投诉抄袭,对方放了狠话,说要诉诸法律途径。

她听说我们关系不错,便来找我"曲线救国",说:"你能不能帮我问问她,看她愿不愿意私下和解?当时的确是有几段模仿了她,但我真的没想到会这样……"

"所以你的确是先看了她的文章,然后才仿照人家的逻辑和语言写出了这一篇?"我反问。

她惴惴地应了句是,说:"想着她写过那么多文章,肯定记不住,没想到这么快就被发现了。"

我气得想笑,问:"所以你知道自己这算是抄袭,对吧?不过是心存侥幸,赌别人要么瞎、要么傻、要么不好意思发声,你倒是图什么?"

她沉默了一会儿,回了我很长一段话。大意是她从大一开始就一直想做文字类的工作,想做一个好的公众号给自己的简历背书,可是不知道为什么总是没有起色,眼看都大四了,学校里刚入学的学妹的粉丝都比她多。

每天过得特别焦虑又特别烦躁,然后发现了洗稿抄袭这条看似快捷又轻便的小路。出稿快不说,抄袭的内容又多是网上传播热度较高的文章,因此关注数也比她自己认认真真写的时候高出不少。

尝过了甜头,又怎么肯轻易罢手?

她发来一个沮丧的表情,说:"我知道错了,如果可以私了,她要我怎么样都可以。可是我真的不能公开道歉啊,不然这个污点就洗不掉了,别人又会怎么看我?我毕业之后还打算入职新媒体公司呢。我才二十二岁,在这行里还有很远的路要走,求你帮帮我。"

我没有继续指责她,反而觉得有点悲哀。

正是因为年轻,所以急功近利。但抄捷径的时候却从不曾考虑过,一旦身败名裂,承担后果的也只能是那个年轻的自己。

哪有谁只靠一两篇文章,一个做得还算不错的公众号就能顺利入职名企的呢?任何一个招聘的企业,更看重的都是人品,以及你是否有继续走下去、走得更好的意愿和能力。

我刚毕业入职第一家公司的时候，办公室的主流风气是溜须拍马、奉承上级。跟我一同毕业的姑娘，从主管的外套到经理的发型再到总监英明神武的某项决定，可以不重样地夸上好几个小时。可嘴笨如我，却只会在她舌灿莲花的时候目瞪口呆地点头，一句话也插不进去。

理所当然的，她比我得了更多的关注。我提前三周就计划好的假，只因为她跟老板撒撒娇就泡了汤，不得不跑回来值班。我做更多的事，创造更好的业绩，年终升职的时候，却依旧只有眼巴巴看着她意气风发的份儿。

我郁闷了一整年，年终聚会的时候跟朋友们吐槽公司的一切，还说了句狠话："不就是吹捧逢迎拍马屁嘛，谁现在不会，还能一辈子不会？明年我也不傻闷着头干活了，大家一起拍，看谁赢过谁。"

大家都笑了起来，只有一个当时还不大熟悉的姐姐，在散场等出租车的时候专程过来找我聊天：

"我知道你肯定觉得心理不平衡，但你有没有想过，你其实并不会在这家公司里待一辈子？到了该走的时候，除了会吹捧逢迎之外，你还有没有什么其他拿得出手的资本？你有没有完胜马屁精的竞争实力？

"不是每个老板都偏爱会说好话的员工的。退一万步说，就算你会在这家公司里待到退休，万一管理层换了人，对业绩的需求胜过拍马屁，到时候你恐怕已经不年轻了，难道还要从头学起吗？"

我被她问得哑口无言。我根本没想过任何"以后",满脑子心心念念的,只是眼下一亩三分地里的利益和不公。

计利应计天下利,求名应求万世名。

"职场里为自己着想没错,但你总得知道,什么是真的好,什么只是看上去很好的陷阱。"她说。

1911年9月,两支南极考察队同时到达南极圈附近,准备向南极点进发,一个是挪威的阿蒙森团队,另一个是英国的斯科特团队。

阿蒙森团队一共只有五个人,而斯科特的团队里有十七人之多,可最先到达极点并顺利返回的,却是阿蒙森团队。斯科特一行人不仅比阿蒙森晚了近一个月才到达极点,在返程的过程中又遭遇了暴风雪,最终无人生还。

后世的研究者们研究了斯科特遗留的手稿和阿蒙森的访谈,发现了这样一个很不起眼的差异:

阿蒙森团队的五个人,平均每人携带三吨物资(有雪橇和雪橇狗),无论当天天气如何,每天都要进行三十公里,然后就扎起帐篷开始休息。斯科特团队却正好相反,为了轻装上阵,他们每人携带的物资只有一吨,天气好的时候,每天前进四十到六十公里,天气不好的时候就睡在帐篷里,诅咒恶劣的天气和糟糕的运气。

然而就是这样一个不起眼的小细节,决定了两个队伍的命运。

南极圈天气变化莫测,每天无论如何都要前进三十公里,缩短的不仅仅是路程,还有人心中对于极端天气的倦怠与畏惧。

而在零下四十多度的冰天雪地里，回程比去路更加凶险，留下足够的补给和热源，便是给自己留下了生的希望。

没有谁是能靠着一腔热血和一时侥幸走向终点的，更多可见的成功，与其说靠的是激情和运气，不如说靠的是合理的计划和持久的坚持，在靠近辉煌的同时，也给自己留下退路。

我并不大喜欢村上春树的文章，却爱极了他那种每天写五千字然后出去长跑的规律的生活方式。在他的《当我在跑步时我在想些什么》中，字字句句都透着那种清洁自律的美感。

我也很喜欢王锋在《愿你道路漫长》中写到的这段话：

原本以为才华是一个门槛，后来懂事一点，觉得勤奋是一个门槛，再往后，当知道了自己既没才华又不勤奋的时候，才发觉时间也是一个门槛。一件事，当你坚持了足够久的时间之后，总会有所得，这种所得不在于名利，不在于你到底做出了多大的事，而在于你知道自己所成就的，也知道了自己的本分和局限。

成功的确没那么容易获得，但是更重要的，是你要如何留在那儿，又如何走回来。

毕竟摔个大马趴，不仅疼，而且姿势难看。

"原生家庭非常幸福是怎样的体验?"
"下辈子再来答吧。"

在知乎上看到这样一个问题:原生家庭非常幸福是怎样的体验?

下面有个破千的高赞回答:真希望自己能回答这个问题,等下辈子吧。

我把这个问题和答案转发到几个好朋友的微信群里,立刻便有人冒泡:"原生家庭,幸福,还非常,这三个词怎么可能同时出现在一个句子里。"

有个姑娘也响应:"岂止是他,恐怕我们八零后九零初的这一代人都没什么资格回答。"

七嘴八舌的讨论终结于一位朋友一针见血的总结:

"自从原生家庭这个词出现以后,恐怕没有谁能说它是非常幸福的吧。"

在成长的过程中,我们总会或多或少地发现自己心理和性格上或大或小的 bug:安全感匮乏;极度敏感;选择无能;缺乏自律;控制欲过盛;焦虑;无力感;易怒,等等。

而原生家庭这个词组的出现,像是个万能的接盘侠,让我们对自己所有的不满都有了顺理成章的理由:

安全感匮乏,是因为缺少高质量陪伴;

极度敏感,是因为没有得到原生家庭的肯定;

选择无能,是因为权威型父母的压迫与控制;

缺乏自律,是因为被溺爱得太深。

这并不是无中生有的自欺欺人,市面上有大量的心理学书籍在为这样的理论提供各种科学的解释,而我们往往在读着那些书的时候心有戚戚,忍不住感叹一句"对啊,我父母也是那样的人"。

快乐的日子自然是有的,只是那幸福像是黑暗中的一片海,看上去深邃广阔又粼粼波光,咔嚓一声按下快门,拍出来却只有模糊的、黑洞洞的一团。

相比之下,所有的伤痛都太过具象,无论是母亲的指责还是父亲的冷眼,都更容易在我们的心中留下声光色齐备的证据。

埋下的那颗种子一旦被"原生家庭"这个词触发,便会立刻疯长,成为哽在喉间的利刺。

正如菲利普·拉金那首诗中所写的一样：

你的老爸老妈把你毁了，虽然他们不是有意为之
他们把自己的缺点传给了你
又专门为你定制了你专属的缺点。

我跟我的母亲关系很好，在大多数时候都可以像朋友一样谈天说地，但依然会有某些时刻，使我产生"这压根没法儿沟通"的绝望感。

比方说过年亲戚家的孩子来做客，每当他们对我旅行带回来的工艺品爱不释手时，母亲便会毫不犹豫地大手一挥："喜欢你就拿去吧。"

而我只要露出一点不赞同或者不高兴的神情，立刻就会被扣上"小气""吝啬"乃至"丢人"的帽子。

有一年过年，远房侄子来家里做客，看上了我的一个娃娃，临走时哭闹着非要带走。当母亲又慷慨地应允，同时以"你都这么大了还跟小孩子争东西，反正放在柜子里你一年又不回来几回"来反驳我时，我爆发了。

我从原生家庭理论讲到人本心理学，然后又讲到家庭系统排列，声泪俱下又引经据典地论证她这个错误的举动对我造成了多大的伤害，最后把自己的患得患失和缺乏安全感全都一股脑地归罪到她的身上。

时至今日,我依然很清楚地记得自己最后的那句类似质问的结尾:

"你到底能不能让我幸福?"

我妈那天破天荒的没有拿出以往那套"我们不都是这样长大的,还不是好好的"的理论反驳我,她只是沉默了一小会儿,然后说:

"妈妈不知道。"

那夜我完成了疾风暴雨般的控诉,第二天便匆匆收拾了东西回去上班,她在微信上小心翼翼地问我:"你那天说的那些心理学的书,能不能给我也下载一份?"

后来我带着小侄女上钢琴课,她像个小大人一样给我讲解 G 大调和 F 大调,带着得意又狡黠的神情嘲笑我说:"姑姑连这个都不懂。"而我本能地开口辩解道:"姑姑小时候可没有去上一堂三百块钱的钢琴课。"

直到那时,我才忽然理解了我母亲的"不知道"。

是啊,她不知道。

她在我的这个年龄,又哪里有心理学可以读呢?

他们那一代的人小时候穷,少年时乱,中年时赶上时代剧变,到了老年,又被淹没在了信息的潮流里。这样的时代烙印被或多或少地刻在了他们的身上,成为那些并不么可爱的特征。

比如说对权威的狂热迷恋;

比如说对体制的盲目推崇;

比如对一切新知的排斥乃至鄙夷；

比如说坚信着"棍棒之下出孝子"和"到了年龄就应该结婚"；

比如说那种暴发户般的势利、油腻和俗不可耐。

可他们或许也不想成为那样的人。

他们只是不知道，生活还可以有另外的可能。

我们与父母的位置早已偷偷地做了调换。我们拥有更好的教育条件，能接触到最新的科技和最权威的观点。我们不像他们那一代人，只能靠着老一辈口口相传下来的理念生活。

他们不再代表权威，在这个时代里，年轻人才具有更大的能力。

我在网上看到这样一句话：

爱和教育都是相互的。

妥协有两种，一种是弱者对强者的让步，一种是强者给弱者的温柔。

我从前总是不理解：为什么要假装大方呢？为什么非要做好人呢？明明是爱，为什么不说呢？

我现在依然不理解。

而他们或许也很难理解我。

理解不了我为什么只想谈恋爱不想结婚，理解不了我一个女孩子为什么心心念念要出国读书，理解不了那些听起来很陌生的经济学和心理学。

可那又有什么关系呢?

所谓爱,不就是我们在可以互相理解之前,就先选择接受或原谅吗?

他们不是我理想中的父母,我也不是他们心中完美的小孩。

也不是一定要"非常幸福"才够圆满呀。

各自安好,彼此不负。

就已经是很好的人生了。

我是全清华最自卑的人

有个读者给我写了一封长长的邮件,说觉得自己活得好失败,很想复读一年,考到另一个学校去。

我以为那是小姑娘高考发挥失常之后的遗恨,便随口问道:"你现在读的是哪所大学?"

她说:"清华大学法学系。"

我瞬间无言以对。

她急忙补充道:"我知道这样说很矫情,但是我真的不想再读下去了,在学校的每一天都像是人间地狱。"

她生长在一个四线的小城市里,成绩很好,在县上的重点高中一直稳居榜首。高考后,她毫无悬念地被清华大学录取,成为街坊邻里口中啧啧称赞的"别人家的小孩"。

她之前从未出过省，初来北京的时候满眼都是新奇。可不知道是从什么时候开始，略带新鲜感的懵懂逐渐变质，一点点转变成束手束脚的胆怯。

或许是在法学课上，曾经身为学霸的她听不懂老师抛出的专业名词时；

或许是在口语课上，被严格的外教逐字逐句地纠正她略带方言味儿的发音时；

或许是舍友在校园舞会上以一场伦巴大放异彩，而她却惊觉自己除了学习什么都不会时。

每次一点点，原本不足为惧的失落终于积攒成暗潮汹涌的自卑将她淹没，而导火索，是她站在科技馆前被那些新奇的小发明迷得移不开眼时，同行舍友的一句催促："就这些小东西也能把你迷得神魂颠倒？真没见识，快走吧，大家都在等你。"

这本是句无伤大雅的玩笑话，她却发了飙，歇斯底里地对着舍友一通发作："我就是个没见过世面的乡巴佬行不行？早就知道你们看不起我，你们大城市来的有什么了不起……"

她变得越来越沉默寡言，将自己活成了一个透明人，每天独来独往，一整天也不跟谁说一句话。她试图通过降低自己的存在感来小心翼翼地掩饰与这个世界之间的种种违和，期末考试结束之后，她几乎是逃也似的离开了北京。可如今，随着开学日期的一天天临近，焦虑开始慢慢地在她的心头浮现。

"有没有什么办法能增加自信?"她问我,"哪怕是装出来的也好,只要不在别人面前露怯就行。"

我想了想,回答她:"你需要的或许并不是自信,而是承认自己的自卑。你习惯了做众人夸奖和羡慕的对象,无法承受光环的消失,也无法容忍'自己不如别人'的念头。"

越压抑,防御的心墙就会越坚固,甚至会演变成一种隐晦的攻击。当你身边的人受到这样的攻击,就会纷纷离你而去,使你在变得更加孤僻的同时,将一切归咎于"都是自己不够好",从而变本加厉地憎恨自己。

人生本来就是一个不断改变的过程,而那些拒绝被改变的人,并不是因为看不到未来,而是因为放不下过去。

她是个聪明的姑娘,很快就想通了这几句话。第二天,我收到了她的一句回复:

"我想了一夜,我一直不愿意承认的,只是我到了新的环境中,各方面都不如同学们的事实。可是仔细想想,这也没什么可自卑的,对吧?我能考上清华,至少拥有了能够与他们同台竞争的入场券。"

虽技不如人,幸来日方长。

我工作第一年的时候,很"幸运"地被分到了一个负责重要客户的项目组。这一项目备受高层关注,资源和配套辅助都非常充分,很容易就能做出成绩。但另一方面,之前这个项目的负责人是个极其优秀的前辈，有她珠玉在前，后继者稍有不足，就会被对比成一滩烂泥。

前辈下个月就要休产假，因而从新入职的员工中选拔优秀的替补。我战战兢兢地接手之后，紧张的同时又忍不住有些沾沾自喜。

那时的我就像是个考了第一名的孩子，雀跃地带着自己辉煌的过去，觉得自己厉害且优秀，不管前方有什么妖魔鬼怪，都能轻易摆平。

可我很快就遭遇了职场中第一个滑铁卢。在给客户做月度数据回顾时，我用错了一个公式，导致最终的数据出现了错误。更可怕的是，因为盲目的自信，我并没有备份原始数据，使得整个项目组的人都被我的失误弄得人仰马翻。就在好不容易搞定之后，我又在跟客户开会时被一个市场占有率的问题问得哑口无言。

客户的负责人在电话那头轻轻地叹了口气，用闲聊的语气问我："×××（那个休产假的前辈）什么时候回来？"

后来想想，即便那是一句隐晦的埋怨，我也算不得冤枉。可当时的我正处在年少气盛脸皮薄的年龄，一颗玻璃心霎时被摔了个粉碎。忽然有种没由来的怕，并不是怕事情做不到最好，而是担心破坏了自己在同事心目中的形象。

我毕竟是那个因为优秀而被破格提拔的新人啊，千万不能被别人看低了去。

我像个神经质的刺猬一样竖起浑身的刺，拒绝所有人的帮助。就连组里的伙伴问一句"这个PPT要不要我来做",我的思绪都会飘到"她是不是觉得我不行"这种偏激的念头上去。

　　亲手推开所有人,却因为独木难支而纰漏不断,那大概是我职业生涯中最难熬的六个月。我甚至想过辞职,宁愿放弃这份待遇优渥的工作,也舍不得摔碎自以为是的金身。

　　多年的老友知道我每天苦大仇深地加班到深夜,周末便提着夜宵来慰问我。

　　我跟她大倒了一通苦水,她却毫不客气地打击我:

　　"你别以为过去的优秀有什么了不起,那充其量也只是走进这扇门的敲门砖,而不是保你一辈子畅通无阻的护身符。

　　"有这么好的资源和队友,明明就是该迎头赶上的时候,偏偏花那么大精力来装点面子,你是不是傻?"

　　而我也是在很多年后才明白的这个道理。战胜自卑最好的武器,并不是灌下大碗的鸡汤并告诉自己"你是最棒的",而是坦坦荡荡地接受现实的落差,撕碎自己的虚荣心,大步逆风前进。

　　只有真正平庸的人,才会永远处于自己的最佳状态。

　　而我多希望,那个固步自封的人,不是你。

Part 6
愿你走路带风,愿你永怀爱意

不要把爱情当作生活的全部追求,但永远在心中为它保留着空间,保留下爱一个人的能力。爱情不来,别着急,爱情来时,也不逃避。

愿你成为一个走路带风、理智冷静的成年人,也愿你永怀爱意,照顾好心底那个柔软温热、渴望爱的孩子。

愿你走路带风,愿你永怀爱意

今年春天的时候,我跟几个好友相约一起去爬华山。在途经金锁关的时候,正巧跟一个旅行团遇上,一旁卖同心锁的小摊前立刻排起了长长的队伍。前面几个拿到锁的小姑娘正四处寻找最佳的挂锁位置,神色郑重,如同手中捧着的是什么稀世珍宝。

我们在一旁等着人流散开后拍照,只听同行的夏小姐忽然一声冷哼:"你们看,这两边一共只有两道铁链,挂了这么多年的锁,怎么可能还没挂满?怕不是前脚走后脚就被敲下来卖废铁了吧……"

她的声音并不大,却已经引得周围的几个人怒目而视。我连忙拉她,生怕她又说出什么不应景的大实话。

她心不甘情不愿地被我拖到一边,却还坚持着补完了后半句:

"人家神仙过得潇潇洒洒的,哪有时间和精力操凡人的心,尤其又是姻缘这种不靠谱的东西,就算是锁还在,身边人也不知道换了多少个了……"

她说完居然还沉痛地叹了口气,全然不顾身后投来的能烧死人的几道愤怒的目光。

她一边被我们合力拖走,一边争辩道:"说真的,影视作品不论,就说现实生活中,你们有见过恩爱超过十年的夫妻吗?要我说啊,把时间花在感情上,性价比最低。"

我们甚至懒得反驳她,都是相识多年的老友,早就将她油盐不进的"爱情无用论"背了个滚瓜烂熟:什么爱别人不如爱自己啦;什么爱情全是错位匹配,所以幸福概率很低啦;什么单身足够精彩谁还愿意恋爱啦;要鸡汤有鸡汤,、要干货有干货,每次都说得头头是道。

很久以前的夏小姐并不是这样的,她跟无数的女孩子一样动过真心,对方却是个有了家室的渣男,一直用花言巧语将她蒙在鼓里。

她将所有的时间和精力都投入到工作中,拼尽全力才摆脱了那个人留在她心中的残影。三年里她升了两次职,工资水涨船高,生活质量便也有了质的飞跃。

她像是亦舒笔下自给自足而又凛冽美丽的女主角,而唯一的不同是,她在摆脱了他的同时,好像也摆脱了爱情。

不再因突如其来的惊喜而感动,不再因海誓山盟而动心,寻常事物打动不了她，太夸张的又会被她嫌弃太过 drama。

像是在自己周围筑起了不透风的玻璃墙，层层环绕，将她与这世界上汹涌的爱意远远隔开。

她的单身生活很精彩，五彩缤纷到足够写满一篇文章，但那精彩中挂着三分疏离与冷硬，夹杂着对世间情爱的不屑一顾，看上去却有几分愤世嫉俗的模样。

我们有过许多次关于爱情的探讨，几乎每次都以她快快的挥手作结："动心太累了，爱一个人太麻烦了，我现在一个人也挺好的不是吗？要爱情还有什么用？"

七天在知乎上回答过这样一个问题：你担心自己会永远单身下去吗？

我很喜欢她给出的答案：

其实比起我会不会永远单身下去，我更担心的是，我始终学不会与喜欢的人长久相伴的能力。

我害怕的是因为单身，而忘记练习去爱的能力，当我遇见了生命中那个百分之百的人，却没有能力留住他。

这或许就是爱情的吊诡之处，它看似最疯狂、最随意、最无理智，却是一项最需要修炼的技术活，练习动心与相处的场地，只存在于爱情里。

因为没有爱情，所以慢慢学会了封闭自己，而因为封闭了自己，又更加远离了爱情。因为走出去太远,想起恋爱二字都嫌麻烦,更别提要忍受将自己的世界一分两半,任由另一个人硬生生地挤进来的不适感。

我们生活的时代有太多可以代替这种不适感的东西。琳琅满目的综艺节目和电视剧,层出不穷的网游和新奇的 App,万能的手机给我们提供了全天候二十四小时的陪伴,足以冲散因为没有爱情而偶尔会产生的一点孤独与不安。

在玻璃幕墙围起来的城堡中驻足太久,以至于不知不觉间失去了爱的能力。

面对亲密关系中的日常龃龉而束手无策,除了争吵和冷战之外毫无办法。只懂得要求对方退让,自己却不知该如何妥协才能获取双赢。直到两个人折腾到筋疲力尽,双双败退回单身的世界,心有戚戚地告诫后人:成年人都谋生活,只有小孩子才谈恋爱。

我们听到了太多对爱情的两极化定论:

一拨人为爱疯狂,痴迷于"他到底有多爱我"和"如何长久留住另一半的心"之类的话题,恨不得将整个身心掏空,一股脑地献给爱情。

另一拨人则避之如洪水猛兽,嫌弃它的繁琐与微妙,挑剔它带来的摩擦与不适,鄙夷它必不可少的退让与妥协,看到别人谈恋爱便如临大敌,只差摇旗呐喊撸袖子,冲上去拯救"失足少女"了。

可是我总觉得,一个人最好的状态,应该是介于这二者之间的:

不要把爱情当作生活的全部追求,但永远在心中为它保留着空间,保留下爱一个人的能力。

爱情不来,别着急,爱情来时,也不逃避。

能活出"自歌自舞自开怀,且喜无拘无碍"的潇洒自如,也能体会"惟将终夜长开眼,报答平生未展眉"的愁肠百折;

能保留"我本楚狂人,凤歌笑孔丘"中狂放的不羁,也能拥有"有约不来过夜半,闲敲棋子落灯花"里温热的牵挂;

能活出"此时情绪此时天,无事小神仙"的自在与轻松,却也体会过"若似月轮终皎洁,不辞冰雪为卿热"的汹涌与热血。

正如《布鲁克林有棵树》中,妈妈告诉弗兰西的那句话:

人生苦短,你要是找到了合适的男人,不要只顾低头傻笑,把时间无端浪费掉,看上了合适的直接上前去跟他说"我爱你,我们在一起吧"。

但是你得成熟,知道自己在想什么。

愿你成为一个走路带风、理智冷静的成年人,也愿你永怀爱意,照顾好心底那个柔软温热、渴望爱的孩子。

别让你的好意，败给了别有用心

好友小熙在约饭的时候讲了这样一件事：

她开公司的商务车去机场接客户，在一个路口跟一辆电动三轮车发生了剐蹭。电动车在一个路口临时变道逆行，她在左拐的车道上死死地踩了一脚刹车。由于她反应迅速，电动车没事，反倒是她开的那辆宾利的副驾驶门被电动车刮出了一道长长的口子。

不远处的交警正在向他们走过来，电动车的司机知道自己违章闯了祸，又看到那辆宾利价格不菲，急得满头大汗，一叠声地向她道歉。小熙赶时间，又加上公司给宾利上了全保，顺口安慰对方：

"放心吧，只是一点轻微剐蹭，不会让你赔的。等交警过来，我们赶快说明一下情况，我回头找保险公司赔付就行了。"

可让她没想到的是，前一秒还在连连鞠躬道谢的老头，看到交警后就立刻躺倒在地，捂着胳膊开始呻吟，要求小熙送她去医院，说自己全身都痛，演技极其生动逼真。

车身上剐蹭的痕迹很容易就能分辨出事故的原因，她又开着行车记录仪，前因后果一清二楚。交警板着脸批评了老头几句就离开了，而那老头犹在愤愤不平地冲她嚷嚷："几百万的车开得起，给我几百块看病的钱就没有，有钱人，没良心啊。"

她被气笑了："明明是你违章，我不找你麻烦，你居然还讹我，是谁没良心？"

老头语出惊人："可你是有钱人啊，吃点亏怎么了？"

"我有没有钱跟你有什么关系？我就算吃亏，也不会给你这样的人占便宜。"她狠狠地撂下这句话，绝尘而去。

我上大学的时候，有次跟朋友一起坐火车去成都旅游，为了聊天方便，我们特意排了好久的队选了两个紧挨着的下铺。开车还不到一小时，就有个四十多岁的女人跑来找我们换铺，她跟家人同行，在我们隔壁的中铺和上铺。

我们开始并不同意，却耐不住她好说歹说纠缠不休，便说："我们可以换，但是你们得把铺位的差价补给我们。"

本是合情合理的条件，那女人却像被蝎子蜇了一下似的尖叫起来："你们两个年轻娃娃，怎么这么没人情味？就是几十块钱的事，至于吗？"

"不至于，你不想付的话，不换不就好了。我们既然买了下铺，也不差这几十块钱，跟你换已经是做人情了，凭什么还要贴钱给你？"我也有点生气，怼了回去。

那女人被我说得语塞，悻悻地转身走开了。她回到自己的铺位上，麻利地爬到上铺躺下，直到我们到站都没有再走过来。好像之前从她嘴里讲出的住在上铺和中铺的种种不便，顿时因为这几十元的差价而烟消云散。

旁边目睹了事情始末的一位大叔笑着冲我们竖起了大拇指，慷慨地用花生和毛豆招待我们，大声说道：

"我觉得你们做得对，对于这种爱占小便宜又欺软怕硬的人，就是不要让他们得逞。

"人这一辈子啊，吃点亏不怕，怕的是你的让步和牺牲，都成了滋养小人的温床。"

我至今都记得他这句话，和那女人悻悻走开的神情。

当时年少气盛，怼回去的时候，与其说是发自价值观的争辩，更不如说是一场意气之争。可随着年龄见长，却更加明白这样的道理：

不是所有的弱者都可怜，不是所有的让步都高尚，也不是所有的求助都值得被回应。

我依然愿意为那些身处真实的困境中的人们贡献出自己的绵薄之力，却不愿自己的好心和善意，成为对得寸进尺的默许。

意大利女记者法拉奇在《给一个未出生孩子的信》中说：

纯真是一种幻觉，你必须学会保护自己，学会区分真正的善良和伪装的好意，学会控制自己泛滥的同情心，学会克制和审视，学会变得敏捷而强壮。

个人公众号普及以来，一时间抄袭成风。由于自己的时间和精力有限，我找了专业的机构帮我维权，大多数的抄袭者都会默默删文，其中不乏在删文赔款之后还专程来找我致歉的人，唯独有一个特别奇葩，我在微博和公众号上同时收到了他的私信，大意是：

我也是个小作者，写作很不容易的，删文发声明什么的对我影响不好，你要不就算了吧，反正你写了这么多，也不在乎这一两篇。

Excuse me？

道个歉都对你影响不好，你只字不改地抄袭却与我无关？因为我写得多，就活该被你抄吗？

我回复完"休想"，然后火速拉黑了他。

有时候觉得，我们的文化中有一个很奇特的地方，好像只要放低身段，让自己看上去像个弱者，就可以明目张胆地提出要求。而真正在意公平和善意的那一方，却往往会由于"帮都帮了"而无可奈何，或是为了"姿势好看"而忍气吞声。

索取不怀好意，让步又暗含戾气，看似一桩好事，却因为心不甘意不平而陷入一个看不见的恶性漩涡。

拒绝被别人占便宜，看似冷硬无情，却是维持一段关系或一念善意最好的方法。

只有当我们所见的"好人好事"都不是以一方的无可奈何和另一方的得寸进尺为基础，而是彼此相互让渡一部分方便、一部分体谅和一部分利益的时候，善意才能成为一个完整的闭环。

当善意有门槛时，才能无价。

别让纵容以宽容之名横行。

最难守的边界,是好意

有个小姑娘在微信上向我求助,说自己跟最好的朋友闹了别扭。

为了叙述方便,姑且称这两个女孩为小 A 和小 B 吧。

事情的起因,是小 A 的男友有天在食堂里跟一个小学妹单独吃饭,神情甜腻态度暧昧,这一幕被小 B 撞个正着。她急忙跑寝室把这件事告诉了小 A,义愤填膺地要拉她去亲眼见证。

小 A 不想把事情闹大,借口要出门推脱不去。可她万万没想到,小 B 会单枪匹马地杀回去为她打抱不平。争执的激烈程度堪比一出狗血的都市大剧,至少半个系的人都在围观"好闺蜜手撕劈腿男"。

闹到这个程度,恋爱自然是没法儿继续谈了,她和小 B 也生了龃龉。她埋怨小 B 做事太激烈,将一件并不算是多光彩的事闹得人尽皆知，完全没考虑过她的感受。

"我还不是为你好？不忍心看你被人骗了还忍气吞声。"小B又何尝不是满腹委屈，"真是好心没好报"。

"我知道她是为我好，可是我根本不需要她这样做。要是真的为我好，不应该先问问我的想法吗？可是看到她很委屈，我又有点怀疑，自己是不是真的做错了。"小A焦灼又犹豫地问我。

我安慰着她，忽然想起电视剧《欢乐颂》里面的桥段。邱莹莹和同公司的白主管谈恋爱，将他带到了二十二楼五个女生的聚会上。白渣男的伪装被身经百战的曲筱绡一眼识破，曲筱绡为了揭穿他的真面目，不惜"钓鱼执法"，以引得白主管上了钩。

果然，意料之中的怒火倏然暴发。

很多人讨厌那时的邱莹莹，说她不知好歹又不领情。

可她又要怎样领情呢？

那毕竟是她自己的事，曲筱绡一出手，快准狠辣，却夺走了她在这段感情中的主导权。

一个人的经验、坚强和勇敢，并不能像电视剧里的内功一般传递给另一个人。我深知作为挚友，眼睁睁地看着另一个人走向火坑之时的急迫与担忧。但成长就是这样，该跌的跤，该吃的亏，没有人能够为对方去扛。

我理解小B的委屈，却更同情小A的无奈，被动地接受男友渣的现实已是残忍，还要面对连分手节奏也无法把控的窘迫。

我们身边还有另一群人，他们甚至没有小 A 或邱莹莹一般怼回去的勇气，当他们的界限遭到侵犯之时，选择的往往是一退再退，而不是奋起反击。

仅仅是因为懦弱或者没有原则吗？

有时并不是的。

我有位女友，遇人不淑被前男友骗走了三年多的积蓄，向公司请了长假回家散心，一脸的苦笑和憔悴瞒得过外人，却瞒不过自己母亲的眼睛。

她深夜敲响她的房门，不依不饶地追问："到底发生了什么事？你不要瞒着我。"

可她一点也不想回答。

没有做好心理准备，不知道如何开口；不想把血淋淋的伤口撕开再展示一遍；不想让家人为自己的事烦心。

而她的坚决缄默换来的是母亲含泪的叹息："女儿大了，什么事都不跟妈妈说了，再也不需要妈妈了……"

她被母亲的眼泪搞得极其愧疚，索性将事情的前因后果和盘托出。没出两天，母亲就开始积极动员亲友帮她介绍对象，没有经过她的许可就将她的微信和电话号码给了男方，而男方异常的主动，每天嘘寒问暖，搞得她不胜其烦。

面对她的怒火，母亲比她还要委屈："妈既然知道了你的事情，也不能坐视不管……还不是为你好，想着你赶快再交个男朋友，不就能忘了以前那个渣男了吗？我把你的情况跟人家说了，人家也不嫌弃，这小伙子人忠厚老实，哪哪儿都不错……"

"可是谁要你管我！"

她简直要被气得吐血，跟母亲大吵了一架，连夜订了机票回到北京，在微信上跟我感慨："我再也不把自己的事告诉他们了，也知道他们是好心，但真的承受不了。"

这才是界限感的吊诡之处。那些越过了界限，站在我们的领土上指手画脚的人，他们的行为有时并不是出于恶意或挑衅，而是完全发自于对我们的关怀和担忧。

对抗前者并不难，真正艰难的，是如何把越界的好心驱逐出境。

没有恶意的关心就像是压在胸口的一整吨棉花，触手柔软，入目洁白，却依然如同生铁，重逾千斤。

拒绝恶意只需要勇气，而拒绝好心，却需要学会抵御愧疚之情。

我们太容易内疚了。

因为拒绝了他人的好意；因为将至亲之人封锁在领地之外；因为对方明明是一片真心，自己却丝毫表达不出谢意。

也因为同样的愧疚感，我们才会打着关心的旗号入侵别人的领地。

把好友的事当成自己的事，把父母的事当成自己的事，把伴侣的事当成自己的事。

可这世界上不仅有"我们"这一个词语啊。

你和我，本应是独立的两个个体。

如何平衡愧疚和分寸，是守好边界的重要一步。

而成长，正是慢慢学会懂得防止情感伤害扩大化的过程。学会将"我很感谢你的关心，但不希望你插手我的生活"和"我很爱你，但我尊重你的选择"的理智，从亲情、友情甚至爱情的情感纽带中剥离的过程。

毕竟我们除了关心之外，也需要一方无人知晓的隐秘之地，用以独自体会那些不可言说的小情绪，化解那些曾经刻骨铭心的爱与痛，然后慢慢找回力量站起身，用自己的方式解决生活中的问题。

那块隐秘之地，才是力量之源。

没有边界，不成关系。

宿舍里那个坏女孩有了男朋友

上大学的小读者找我聊天,气急败坏地控诉同宿舍的"坏女孩":

"她除了专业课之外从不到场,仗着长得好看会撒娇就跟班长讨假条,晚自习从来不上,从不去图书馆,每天只关心哪款口红更好用、哪家专卖店又在打折,她根本就不是来上学的嘛。"

我问她:"是她影响到你学习了吗?"

她答非所问:"可是她有了男朋友,我们学校的男生真瞎。"

我一时八卦心起,点开了这个姑娘的朋友圈。果不其然,照片上的女孩眉目清秀,但带着大大的黑框眼镜,绑着马尾,身上穿的是格纹衬衫和牛仔裤,素着一张脸,神情里带着几分拘谨和严肃,一看就是父母一代赞不绝口的那种好姑娘、乖女孩。

于是我问她："你是不是觉得世界很不公平，明明你学习更好、读书更多、更矜持又更善解人意，可是那些更好的男生喜欢的却偏偏不是你？"

他们喜欢的是什么样的女孩呢？是娇嗲、活泼、明朗还画着桃红唇色的"小妖精"，是将自己打扮得如同精致的芭比娃娃般动辄睁大眼睛懵懂天真的"傻白甜"，是那种特别热衷于假扮柔弱，但实则心机深沉的"绿茶婊"。

像是没塞住耳朵的水手，身不由己地被塞壬的歌声牵去。只剩下那些聪慧、实诚又朴素的好姑娘留在原地，用只有自己能听到的声音冲他们的背影大喊着"别瞎，快回来"。

是啊，她们只敢喊给自己听听，在别人面前，却还要努力假装成一副矜持自重又恬淡内敛的好姑娘的模样。

她吃惊地连刷了好几个表情，问我："你不是在我身边有卧底吧？你怎么知道我在想什么？"

因为我也曾经是个跟你一样的"好姑娘"吧，我这样想。

提醒我想起这码事的，是在一次同学聚会上的经历。当年的同桌翻出了他那款老旧的手机上存着的照片，拷出来给大家追忆青春。其中有一张是高考结束之后我们去KTV狂欢，女生点了红酒，男生点了啤酒，大家捧着酒杯对镜头兴奋地比着鬼脸。而在整张照片里，唯有我满脸的别扭与为难，眼神里都是紧张和严肃。在穿着花裙子打扮得花枝招展的女同学里，我的大油脸和白衬衣尤其醒目。

我至今仍清楚地记得我那时在问的是：

"我十八岁生日还没过，喝酒不会犯法吧？"

"酒里不会被下了药吧？"

"一会儿喝完酒我们怎么回家呢？被爸妈知道了怎么办啊？"

而我也记得我的老同桌借着酒劲对我讲了一句真心话：

"你真的是个好姑娘，但是好得太笨重了，就显得很没意思。"

后来，我是用了很多年才明白"笨重的好"这四个字所代表的意义：

古板，无趣，不苟言笑；

乖巧但胆怯，懂事但拘谨，自带金钟罩；

不敢表露对别人的不满，也不敢表达自己的需要。

而我也终于明白，《左耳》中看似生活在两个世界中的李珥和黎吧啦为何会一见投缘，《七月与安生》里两个性格迥异的女孩为什么能成为莫逆之交。

黎吧啦和七月那样的女孩子太有吸引力了。

她们活得轻盈又自在，酣畅淋漓而又随心所欲，清楚地知道自己的优势所在，也勇于承认自己想要得到的一切。

就像看到一只又红又大的苹果，有些女孩子即便很喜欢，也会先谨慎地向每个人问一句"你们要不要"，以示自己的恭谦和大度。而另一些女孩子则会毫不犹豫地将苹果揽在怀里，对后面伸出手的人理直气壮地说一句"先来后到"。

这种自信与直接，这种随性与轻盈，不仅对异性有着致命的吸引力，往往也正是让那些中规中矩的"好女孩"又爱又恨的地方。

她们为对方不加掩饰的坦诚和野心所吸引，但另一方面，又因为深恨自己的不勇敢，而把对自己的不满投射到对方身上。

这或许就是那个小姑娘会耿耿于怀地把舍友称作"坏女孩"的原因，也是我们常常会听到某些未婚女青年愤怒地控诉"这天下的好男人都被狐狸精勾走了"的理由。

我最终也还是没能成为自己想成为的那种"坏女孩"：

涂着眼影，抹着红唇，万事随心，百无禁忌，可以轻松随意地跟任何人调笑打闹，毫不在意他人的眼神和看法，想哭就哭，想笑就笑。

理论上我可以，但我生活的环境、多年的家教、笨拙的化妆技术以及冷淡多疑的天蝎本性并不允许我变成这样的一个自己。

也正是因为如此，我才会愈发觉得所谓"我不化妆、我不喝酒、我不逛夜店，我读书多、我学习好、我温柔又矜持，我这么好，你凭什么还不爱我"的逻辑本身就是一个巨大的 bug。

我们早已经过了以某一种行为或观念来为一个群体打标签的年代，或者说，仅仅是用"好"与"坏"去判断一个人，本身就是一种肤浅。

我们更在意的，是与这个人的相处是否舒服，与这个人的交谈是否愉快，以及跟这个人在一起，是否可以让你也变成一个更好的人。

你可以按照自己喜欢的任何一种方式去打扮自己，去生活去交际，这都没有错，但你无法将自己以为的好坏强加给他人，让全世界都来迁就你。

相似的人总会相遇，投缘的人总能重逢。

比起"人家都有了男朋友"，更重要的是"这段感情是否适合我"。

所以啊，千万不要总把"这世界上的好男人都瞎了"这种话挂在嘴边。

一方面，这会显得你气急败坏，气度狭隘。

而另一方面，这也说明了现在的你，确实还不够好。

我不怕自己孤独终老，
只担心没人替我喂猫

跟一个还在上大学的小朋友聊天，说到跟舍友的关系，她愁眉苦脸地跟我吐槽。

宿舍里有个女孩跟她关系很好，两人三观相近，性格也合得来。就在不久前，她去了泰国旅游，给舍友带回了一件伴手礼。东西并不十分贵重，不过是一百多元的小工艺品，舍友却执意要转账给她。两人为此甚至争执起来，舍友说不过她，最后虽然勉强收下，却总是有几分别扭的样子。

女孩的心思细腻如针，她不好意思开口问，却耿耿于怀地跑来找我：

"我把她当最好的朋友呢,她怎么把我当外人?"

"不过是个小工艺品而已,至于算得那么清楚吗?好像我给她带东西就是为了要钱似的。"

我说:"其实她之所以坚持,并不是为了这个小礼物到底值多少钱,只是不想欠人情而已。"

她眼睛瞪得更圆了,问我:"可是朋友之间不就是人情往来吗?如果连这点小事都要计较,那还算什么朋友?"

嗯,大概是有的人,得了一种"你不要对我好,我怕我还不了"的病吧。

他们没有社交恐惧症,甚至算不上内向。他们温和有礼,情商也高。

他们甚至不算是冷漠,当身边的人向他们求助时,即便心不甘、情不愿,也不会断然拒绝,因为同理心太重负罪感又太强,生怕一次拒绝带来的伤害足以毁灭一段关系。

但另一方面,他们却羞于开口请求帮助,能扛的就自己扛,自己扛不了的,宁愿花加倍的钱去解决也不会开口麻烦朋友。

像是背着一个隐形的壳,对独立有种近乎凛冽的苛求。

我也曾经是这样的人。

上大学的时候,有个关系很好的女孩。我们每天早上一起念英语,她知道我吃货的本性,当学校西门开了一家很棒的粥店之后,就常常顺路去买粥给我,而每一次当我试图给她钱的时候,她都说:"两三块而已,不至于,你改天请我吃冷饮就好了。"

她态度坚决,而我却因为有所亏欠而心下惴惴,甚至在本子的某一页上特意记下欠她的饭钱,随时寻找机会准备还账。

我们不是一个系,除了每天早上念英语的时间之外,一整天都很难见到面。于是当某一天,我本子上的账单已然累积到将近四十的时候,我执意把五十块钱塞进了她的书包,包括"送餐费"。

她也是个有脾气的人,用复杂的眼神看着我,冷笑一声:"我给你买饭是把你当朋友,你要是跟我分得这么清楚,今后我也就不买了,你想吃,自己叫外卖吧。"

后来,我每次想起这件事都会后悔,一方面当然是因为从那天起就再没了粥喝,但更多的,还是因为年少时处理友谊时的稚嫩和生涩。

我本可以挑一个周末约她去吃小食堂的砂锅,本可以买一个漂亮且实用的小本子送她,本可以在她给我买粥时送她一个水果。

但那时的我,心心念念的不过是将人情债还清,迫不及待地展示着自己的清白:

"看,我可不欠你人情啊。"

殊不知,自以为是的独立,却把一颗想要靠近的心推开。

现在想来,大概是因为那时的自己既缺少阅历又缺少自信吧。

不相信自己,总觉得不可能平白被世界温柔以待。

不相信别人,怀疑所有先伸出的手都藏着不可告人的目的。

最可怕的是，根本不相信自己有能力去维持一段关系，让它撑得住亏欠与往来，也抵得过拒绝的冲击。

既不好意思主动求助于他人，收到的好意又不知该如何回报。

于是，只有用彼此往来的泾渭分明来掩盖自己的落荒而逃。

其实，这样的我一度也过得很好，二十四小时营业的便利店，随时随地都可以叫到的网约车，各种颜色的外卖App，万能的淘宝，甚至连现金周转不灵的困局都可以用信用卡解决，即便是孤身一人，也可以生活得不错。

每当听到有人吐槽人际往来的繁琐和曲折时，甚至还会生出"还好我不需要操这份心"这种幸灾乐祸的念头。

改变我的，只是一件小事。

公司临时安排出差一个月，而我家里的猫没人喂养，楼下的宠物店又每天都会传出各种动物的惨叫。我的猫又正好像我，总是一副生人勿近的样子，在陌生的环境中往往过分警惕，紧张得全身炸毛。

那时我一个人在外地，出差的通知来得十分突然。无法向远在几十公里外的父母家人求助，出差住在酒店又不可能带着宠物，我思来想去，只好给一个常来我家玩的朋友打电话。

"你能不能帮我喂一个月猫啊？它吃得不多，也很干净，不用花多长时间的，我把买猫粮和猫砂的钱给你……"

她耐心地听完我硬着头皮说出的四不像的请求，只回了我一句话："你咋那么多废话呢？直接把它带来，来我家住。"

等我出差回来，它正在她的腿上惬意地打着盹儿，而她看着我笑："你的猫根本没想你，一个月胖了三斤。"

而我也终于忍住了付钱给她的冲动，说："周末一起去吃火锅吧，我请客。"

她摆了摆手："周末还要加班呢，你客气什么，改天我要是出差，也得把我的狗托付给你，只有给你，我才能放心。"

我欠了她一个大人情，但我很开心。

有人可以托付，也被对方当成可以托付的人，就已经是很好的关系了吧。

武志红老师在《心灵的七种兵器》里写道：任何一段关系，都同时需要丰沛的付出和坦然的接受才能持续。

而我想，我也是用了很多年，才学会克服那些嘴硬的坚强，敢于坦然地接受别人的好意和善举。

我是个有许多缺点，但总体来讲还算不错的人。我们被彼此吸引，怀揣着洁白的善意走向对方。

我们会做很久很久的朋友，经得住亏欠，也容得下拒绝。

我需要你，也希望自己被需要。

我很好，骗你的

周末跟一位女友约饭，她因被一个向来交好的同事偷偷抢走了谈了几个月的年度大单，损失了上万块奖金而郁闷不已。短短一顿饭的时间，她叹了无数口气，从丛林法则感慨到人心薄凉，眉间眼底，都是满满的沮丧。

吃到一半的时候，她忽然拉着我比出剪刀手自拍了一张微笑，又对着桌上吃了一半的火锅拍了半晌，P完图飞快地发了朋友圈，下一秒就无缝切换回那副愁云惨雾的模样。

"你这是被气得精分了？"我打趣她。

"我爸妈等着看呢。"她摆了摆手，"每天八点准时守着看我的朋友圈，跟守着新闻联播一样。"

她手机里有个叫作"父母"的分组，这个群组可见的朋友圈，画风是这样的：

今天买早餐阿姨给多加个蛋，一天都暖暖的。

真的好喜欢今天的客户，小姐姐特别通情达理，顺利签单啦。

养的绿萝发新芽了，快夸夸我。

端的是一副岁月静好的模样。

而现实却是她已经连续加了一个月的班，每天都被挑剔的客户虐到想死，别说浇花了，买的早饭常常没时间吃，放着放着就成了午饭，或者干脆啃几片饼干将就。

像是活在两个完全不同的世界里。

"我总有一天会过得跟他们看到的朋友圈一样的。"她说，"只是现在的那些不好，我不想让他们知道。"

我有个大四岁的表姐，我初中的时候，她考进了一所重点寄宿高中。那所高中离她家有三个小时的车程，为了节省时间，她连周末也很少回来，那时手机还没普及，她便每周都给家里写信。

信里的高中多好啊，同学一个比一个和善，老师一个比一个牛，刚在文学社里崭露头角，又是运动会上拿了名次。

姨妈姨夫每每收到信都会笑得合不拢嘴，忍不住显摆地拿着信给大家看。

我妈常拿着她的信来教育我："姐姐只比你大四岁，学习好人缘好，自理能力又这么强，你呢？"

我总是忍不住心里的那声冷哼:"你们都被骗了,她根本没有自己说得那么好。"

那时候还没有微博和朋友圈,但是在她的 QQ 空间里,还是常常会看到带着委屈的碎碎念和日常的吐槽。

"居然说我的裙子土,等我上大学了我也买格子大衣穿。"

"今天跟宿舍的××吵架了,我要睡觉她偏要看书,现在气氛好尴尬。"

"高二的数学太难了,昨天模拟又没考好,一夜都没睡着。"

我以每周三次的频率刷新着她的 QQ 空间,像是个敬业的侦探,隐秘地收集着她真实生活的资料。

当她的信又一次被送来,那信纸被当作奖状似的被大家传阅,而我妈又要开始新一轮的"你看你姐……"时,我终于还是没忍住心里的那点小阴暗,当着大家的面打开了电脑:"她都是骗你们的,实际上她昨天还被罚抄课文来着,不信你们自己看。"

我至今仍然记得姨妈坐在电脑前,一字一句地看完她 QQ 空间里的心情时的神情。

仿佛一个高高在上的骄傲女王,一夜被罢黜,成为了孤苦无依的老妇。

这件事的直接后果是表姐从我的 QQ 好友列表中消失了,并且整整两年没理过我。

我暗自埋怨她的小心眼,不理解她为何会这样大惊小怪。直到后来，当我也独自在外地工作时，才真正明白了她那么做的原因。

那是在我随手发了一条半戏谑半调侃的朋友圈，"五十块买了一兜草莓，明天要吃土了"，却在下一秒收到了我妈的转账，金额是她一个月的工资的时候。

那是我无意中说了一句"反正有这种傻×同事我也没办法，大不了就跳槽"，然后在半夜两点收到我妈长达五屏的超长回复，而我是在酣睡至第二天早上才看到的时候。

那是在一旦我在电话或视频里显得状况不佳，就会被他们小心翼翼地观察一周，然后收到家里寄来的大包小包的特产和营养品的时候。

我是在那一年，猛然间懂了她的。

无关伪装，无关虚荣。

每个独自在外的孩子都是一只蝴蝶，即使轻轻地扇动一下翅膀，也会在父母的心里引起一场风暴。

我有个女友在南非外派做翻译。有次当地工人闹事围了办事处，事态不小，虽然问题得到了妥善的解决，可还是上了新闻。那一年过年她因为加班没有回家，她的父亲在家宴上哭了，跟她舅舅说："都是我没出息，要是我年轻的时候努力多挣点钱，现在我女儿怎么用去受那种苦。"

她先是觉得好笑：

"不是吧，我爸这也太戏精了。"

随之而来的是惊愕：

"我哪儿有他说的那么惨！我年薪三十万，公司包吃包住还给配车，心情不好就去看海、逗长颈鹿，过得远比一般人要自在幸福。"

最后涌上心头的，才是心酸。

他们不是不知道她拿着让人歆羡的高薪，也不是不知道她活得潇洒自由。

可他们在意的从不是你活得多么成功，而是见不得你受苦。

微博上有个话题：你为什么不让父母看你的朋友圈？

下面一个高赞的回答说：

想家，想家，想家，这种没骨气的朋友圈，为什么要让他们看到。

我的一个朋友在英国上学，想家的时候就打开谷歌的全景地图，控制地图走一遍回家的路，走到自家的楼下站一会儿，或者在熟悉的街道走几步，等思乡的难过劲儿过去，就继续在图书馆看书。

可每次跟父母视频都要装出一副没心没肺的样子：

英国的妹子可美啦，我都已经乐不思蜀了。

说来挺好笑的。小时候上学，分别六个小时，一回家都要迫不及待地喊一声"我想死你们啦"；如今长大了，却连思念都不敢言说，隔着几千公里，一边忍不住想家，一边说我在这边很好。

小时候摔跤，蹭破了一点皮都恨不得哭个天昏地暗；长大了离家，摔再狠的跟头，也要咬着牙强颜欢笑，说别担心，我把自己照顾得很好。

可我们并不是永远都要假装下去的。

总有一天,在一次次咬牙吞泪、一次次假装坚强之后,我们学会了独立,变得更加强大,活得也更加从容。

没有再骗你了。

我很好。

这次是真的。

等朋友和工作都不需要你了，
你就想逃进婚姻了

"我想结婚了。"

二十六岁的悠悠说完这短短五个字之后，发来一串长长的感慨。

她爸妈侨居海外经商，过年也不能回来，而她自己年前又刚入职一家新公司，各种工作交接完，一磨二蹭的就到了除夕夜，索性便留在了上海一个人过年。

所有的同学朋友都回了家，打开电脑也刷不出公司的夺命长E-mail，平时熙熙攘攘的商场门罗可雀。看着远处的万家灯火，面对自家的冰锅冷灶，忽然变得脆弱善感了起来。

"忽然就很后悔，为什么没早点把自己嫁了，至少此刻还能有个人陪我吃饭，听我说说话。"那哀叹仿佛带着回音，她说，"无聊到要发疯了，你们早点回来行不行？今年的目标就这么定了，找个人结婚吧，我不想再一个人了。"

我身边不少女孩这两年都把自己嫁了出去，一见倾心、情投意合的也有，但其中也有许多，嫁给了她们二十出头时无论如何也看不上的"差不多"先生。

她们单身的时候，像是战士倔强地反击着来自别人的逼迫、嫌弃和猜忌，可打败她们的，并不是什么枪林弹雨，不过是一句"我累了"而已。

我有个挺要好的女朋友，单身二十六年，在二十七岁还没开始的当口就匆忙地相了好几场亲，找了个虽然没多喜欢但还算顺眼的男人，迅速把自己嫁了出去。

她婚后不久约我吃饭，劝我也早点结婚，唠唠叨叨说了一大堆理由，可让我记忆犹新的只有一句：

"有时候挺希望自己生在穷人家的，这样还能有拼命赚钱改变命运的动力。可是像我们这样的人，吃不了多少苦，又没有什么压力，职业生涯到了二十七八岁就基本已经是天花板了，等到到时候大家都结婚了，想即兴约顿火锅都找不到人，聊天也聊不到一块儿去，到那个时候，你怎么办？"

我甚至记得她说着这些话的神情，带着筋疲力尽的妥协和偃旗息鼓的将就。

"到了那一天,你的工作和你的朋友都不再那么需要你,你怎么办?"她这么问我。

我记得自己当时怼了她,可是后来,我却在很多时候渐渐地明白了她的那句反问。

是一个人拎着箱子出差回来,屋子里一片黑暗,只有冰锅冷灶时的孤独。

是一个本以为很重要的会议忽然被客户无缘无故地爽约,末了只收到轻描淡写的一句"忘了"的失落。

是聚会时大家都在讨论"哪个牌子的奶粉最好",而你在一边觉得自己格格不入的沮丧。

但最可怕的,还不是这些瞬间,而是日复一复的空虚和无聊。

职场熬过新人期就不大加班了,每天五点下班,逛逛街,刷刷剧,翻翻朋友圈,觉得一天过得好慢好慢,又跟昨天如出一辙。

直到睡前,被无意义感逐渐吞没,禁不住也开始觉得,是不是应该找个人嫁了?是不是嫁了人,这一切就会好起来?

我甚至开始理解那种"逃进婚姻"的仓皇感。

情投意合、心意相通都是后话了,哪怕没那么幸福,哪怕被家务拖累着,哪怕被另一半管束着,也至少能打破那一潭死水般的无意义感。

才不是输给了什么崩溃、挫败的瞬间,那种空虚和漫长有另一个名字,叫作日常。

我在闫红老师的一篇文章里看她写吕碧城，那并不是如林徽因那般幸运又美丽的女孩子。

少年失怙，家产被夺，夫家退婚，寄人篱下，就连想去天津城内探访女子学校，都被保守的舅父严辞骂阻，说她不守本分。吕碧城一怒之下，第二天就逃出了家门，只身奔赴天津。

她有才华也有胆识，很快就打开了门路，短短几个月便在天津成名，常常出现在各种名流的聚会上。与她交往的社会名士中，不乏才子和高官，如著名诗人樊增祥、易实甫，袁世凯之子袁寒云，李鸿章之子李经羲，等等。

可她一生清醒孤高，始终觉得身边无可匹配之人，一生未嫁，独身终老。

对，是独身终老。她独身，却并不孤独。

吕碧城这一生做了太多的事。兴女权，办女学，与外商合办贸易，两三年间就积聚起了可观的财富，在上海静安寺路自建洋房别墅。她去哥伦比亚大学读书，兼为上海《时报》特约记者。她漫游欧洲七年之久，还参加了世界动物保护委员会。

有人夸她上进，有人说她瞎折腾，可我却总觉得，吕碧城的努力，也许既不是为了做个女强人，也不是为了标榜自己有多遗世独立。

有自己想完成的事情，有自己喜欢的环境，是对抗失控感最有力的武器。

像一簇小火苗，在挫败与失落扑面袭来的当口，幽暗却不灭。

我在朋友圈看到一个朋友感慨：

三十岁前倡导单身贵族的女青年，到了三十岁后都开始为婚姻担忧。发现女人在本科毕业之后，如果不是因为继续读书深造、创业、环游世界，也不是因为必须单身才能去完成一些使命，那么找个合适的对象真的是不二选择了。

若不是在做比结婚本身更有意义的事，就不要轻易动"不嫁人也没什么"的念头。

而赋予生活意义的能力，与爱情一样，并不是人人都有。

只有你先过得足够丰盛，才能与世界平等对视。

我喜欢闫红老师最后的那句总结：

吕碧城在无意中以亲身经历证明，即便是对于女人，爱情和婚姻也不是生活的全部，最多是锦上添花，蛋糕上的樱桃。

你的一生最终会不会只是一个泡沫，决定权在你自己手里。

"我好不容易逃离潜规则，可我爸妈却骂我胡说"

有次跟朋友 L 聊天，不知怎么就聊到"这个世界究竟可以有多坏"的话题，她跟我讲了这样的一件事。

她大学毕业，从上海回到南京老家，在当地的一家私企工作。她的部门经理是个五十多岁的中年男人，跟他父亲是老同学，经常用慈爱的眼神看着她，跟周围的人开玩笑：

"我女儿也差不多快毕业找工作了，年轻人有想法啊，要留在大城市里工作，我又帮不上什么忙，看着小 L 就跟看到我女儿一样，舍不得看她吃苦受委屈。"

他明里暗里地给了她不少资源和指点，帮她绕过了许多职场的暗礁，也常常带着妻子去她家吃饭，跟她爸爸把酒言欢。

后来公司拿下一个大合同，需要派人去客户方协商细节，去的是她跟经理两个人。

谈判进行得很顺利，最后一晚的庆功宴前，经理特别叮嘱她要给甲方敬酒："就你一个小姑娘，活跃一下气氛嘛，这个客户将来还要合作的。"

对方五个人，三轮酒，一人一杯。她扛不住中途退了席，强撑着回到酒店，衣服都没换就躺在床上睡死过去。她醒来的时候，那位道貌岸然、满眼慈爱的叔叔，正在解她的衣服。

那天她穿的是件像和服一样层叠缠绕的细绑带长裙，等她醒来，后背已经被解开了一半。

他看到她睁眼，忙讪笑着解释："小 L 你别误会啊，我是怕你穿成这样睡觉不舒服。"

她惊得头皮都快要炸起来了，二话没说，慌忙抓起外套就跟跄地跑了出去。她在一家麦当劳里蜷缩了一夜，连公司都没回，发了封邮件提出辞职。

她抱着自己的箱子回家，还没来得及开口，就迎来了父亲暴怒的呵斥：

"我刚跟你张叔叔通过电话，说你大小姐脾气得罪了客户就撂挑子。自己不好好干就说自己不行，长本事了你。"

她哭着解释完事情的始末，也只换来了父母的将信将疑：

"别胡说,我看你反正也早就不想干了,不过是找个借口而已。你们公司又不止你一个女的,为什么好端端的,人家就只来招惹你?"

这世界有多坏呢?

那个口口声声说"你像我女儿"的人忽然变脸,偷摸着想要行不轨之事;

酒店的前台看到一个女孩醉酒,还把她房间的钥匙交给了另一个人;

他恶人先告状,把自己撇得一干二净还给她泼了一身脏水。

"但是对我来讲,世界最坏的那一刻,是我心惊胆战地逃离了魔掌,拖着一身疲惫和惊惧回家,却只得到了一句'你胡说'。"她说。

不被自己的父母信任是什么感觉?

大概就像是被抛弃在茫茫雪夜路上,惊恐无助又不知从何说起的委屈吧。

大概就像是咬了一大口冰粘住舌头,咽下冷但吐出来会疼吧。

大概是走了很远的路,回过头却发现身后没有回家的桥吧。

我中学最好的朋友的母亲发现她日记里写到班里一个男生送她巧克力的事,径直杀到班里来指责那个男生耽误她学习。

我至今仍记得她当时的神情,错愕、难堪又委屈,含着一汪眼泪对她母亲嚷:"妈你怎么能偷看我的日记呢!"

而她母亲的声音瞬间上扬了八度:"我还不是关心你,我这都是为了你好!"

她本来是个很活泼可爱的女孩子，可是自那一遭之后，她开始变得沉默又阴郁。她再也没写过日记，就连老师布置的周记，也只拿应试作文的套路来应付。

家长会的时候，她妈妈骄傲地跟其他家长讲着自己帮助女儿"悬崖勒马"的英明事迹，沾沾自喜地说："她现在多听话啊，小孩子就是要多管，千万不能顺着他们来。"而她面无表情地站在后面，低着头不说话。

她已经很久没有像从前那样开怀大笑过了，我忽然想，也很久都没有像从前那样欢快又肆意地跟我们交换过少女的心事了。

她很乖了，但大概很不开心吧。

那时我还不懂，得不到父母的信任不仅让人沮丧，更是一种伤害。

连父母的信任都得不到，即便在自己的家里也惴惴不安，又如何能有勇气伸出触角，去试探那个更为广阔的世界？又如何能将自己得到的信任投射给他人，建立起平等顺畅的人际关系？

信——望——爱的循环，必须以信任始，通过希望，然后才能到达爱。

缺乏互信的家庭，谈爱与富养，都太过奢侈。

小学的时候，有一次我的同桌丢了五块钱。对于那个时候的小学生来说，那也算是一笔巨款，而距离案发现场最近的我作为首要嫌疑人，被老师叫上前劝导，希望我"俯首认罪"：

"老师理解小孩子都想要零花钱，没关系的，要是你拿的，你就告诉老师，老师不让你叫家长，也不会写在期末评语里，行吗？"

言之凿凿，好像她确实看到我偷了钱一样。

我在众目睽睽之下被她盘问了十几分钟，同学们看我的眼神也开始变得不一样了，开始议论纷纷、指指点点。小孩子懂什么啊，不过是跟风，又乐于坐实老师心目中的嫌疑犯。

我熬过了一天的猜疑和侮辱，最后哭着回家。我妈妈却根本没让我解释，只说了一句：

"妈妈相信你，明天陪你一起去学校跟老师说清楚。"

我甚至已经想不起来，最后同桌的钱到底是在哪里找到的。她说了什么，老师说了什么，同学们又说了什么，都已经记不清了。

但我清晰地记得我妈妈说的话：

"我的女儿说她没拿，我相信她，你做老师的可以不信，但是等事情弄清楚了之后，你必须当着全班同学的面向她道歉，就像你现在当着大家的面盘问她的时候一样。"

也记得我妈拉着我的手走进办公室的那种感觉。

笃定又温暖，幸福中夹杂着一点因为被无条件信任而产生的心酸，像是全世界都背对着你，你却依然拥有太阳。

后来的后来，我的姥姥也知道了这件事，有点担心地问我妈妈：

"你也不多问她几句，就跑去跟老师做保证，万一她仗着你相信她有恃无恐，以后学会了说谎变坏怎么办？"

我不记得我妈妈是怎么回答的,但我始终都没有长成我姥姥担心的那种恃宠而骄、满嘴谎话的人。

信任是那么的珍贵,却也十分沉重,仅仅是让自己配得上这种无条件的信任,就已经要用尽全力了,哪里还会去想要如何利用它。

谎言不会因为信任而生,相反,往往正是因为缺乏信任,才会对语言做越来越多的矫饰,用以博取信任。

而被爱与被信任的人,从来都没有资格在人生的轨道上跑偏。

这,或许才是一个家庭能给予孩子的最好的礼物和加持吧。

可你不一样,你是见过爱的人

电影《怦然心动》里的女主角 Juli 一直以来都是我最喜欢的女主,没有之一。

故事从 Bryce 搬到 Juli 家对面的那一天开始,她对他一见钟情。

开始的时候,这不过是个邻家傻白甜单恋小王子的故事,她为他亮晶晶的眼睛所倾倒,每天晚上脑子里密集上映各种与他有关的小剧场,只因为误解了他无意中摸上自己的手的举动,就能自顾自地乐上一整天。

可这并不仅仅是一个关于心动的故事,而这正是最打动我的地方。

她热情又清醒,为了接近他敢于迈出一步又一步,跟他搭话,给他送鸡蛋,但依然保留着属于自己的时间与爱好,会在梧桐树上一坐几个小时,欣赏他并不在意的美景。

她大度且骄傲,没有因为他的家人扔掉了她送的鸡蛋而耿耿于怀。但当他口不择言地跟朋友取笑她的神经病叔叔时,她也没有忍气吞声,而是选择挺身直言,回护家人。

我爱极了她对待爱情的态度。

她尽力争取,却从不强求。

她带着一股满不在乎的认真,仿佛爱情不过是生活中一个毫不起眼的小插曲,得之甚幸,不得也不怨恨命运。

那是足以让旁观者动容的赤诚与洒脱。我亦心之所向,却常求而不得。

毕业之后,有次跟朋友相约旅行,在飞机上百无聊赖,又看了一遍这部电影,我随口感慨:

"你说这小姑娘,又没有锦衣玉食,怎么就能生得这么好?今后要是能有这样一个女儿,可就省心了。"

朋友却沉默了很长时间,长到让我以为她不会搭理我的碎碎念时,她却忽然说:

"她啊,她是见过爱的人。"

她的父母也会当着她的面争吵,可他们看到她的沮丧和无措之后,会立刻向她道歉,说"这一切都不是你的错"。

她有"拖后腿"的神经病叔叔,他不仅是大家的笑柄,更是因为父亲坚持把叔叔送进昂贵的私人疗养院，而使她不得不生活在一个连吸尘器都要从邻居家借的贫困家庭。可她的父母会跟她解释，给她讲所有过去的故事，而不是一味地用"小孩子懂什么"来搪塞她。

她母亲也曾当着她的面抱怨"我受够了这种贫穷的生活"，可在她入睡前，母亲却会向她坦诚对父亲的爱，会坚定地告诉她，"你是上天给我的最珍贵的礼物"。

她被爱过，因此从不觉得主动表白便是"不矜持"乃至"可耻"。

她拥有爱，因此不会把一次动心当作自己毕生的追求。

她知道爱情真正的模样，是坦诚相对，是旗鼓相当，是无数的困苦之后依然愿意牵对方的手。正因如此，她才不强求，不委屈，也不将就。

她普通，她贫穷，可是，她是被爱得很好的人。

我在豆瓣上看到过这样一段话：

青春的学分，在人生的比例或许很小，但却最珍贵。

以后的路太长了，它却不是一直奉陪。

我有个朋友，她上有哥哥下有弟弟，身为中间的一个女儿，在重男轻女的农村生长，难免受尽委屈。可她却双商极高，一举考上了985大学，工作第二年就跟初恋男友结了婚。无论是处理友情，还是面对爱情，她都坦然且大方，丝毫没有一点因为缺爱而产生的自卑又敏感的模样。

有次聚会大家聊起原生家庭的话题，我实在忍不住好奇，问起她童年的经历。

苦啊，怎么不苦呢？锅里最后的一块肉夹给哥哥，过年唯一的一件新衣服给了弟弟，父母看向一对兄弟时如视珍宝，看向她时，却像是看着什么多余且赔钱的东西。

"可我哥哥对我很好。"她说。

将自己碗里的肉和菜偷偷拨给她；才上初中，寒假就去砖厂搬砖，用挣来的钱给她买一双运动鞋；她出落得好看，有不怀好意的男人对她口出秽语，也是他天天接送她上下学；在父母骂她时为她据理力争，深夜陪她谈心：

"生而为女孩，不是你的错，你是个好姑娘，遇事别怕，有哥哥。"

想起来也会觉得有点遗憾，但是人生本就难全，得一人倾心相护，就足够一生取暖。

《白夜行》里，雪穗说：

我的天空里没有太阳，总是黑夜，但并不暗，因为有东西代替了太阳。虽然没有太阳那么明亮，但对我来说已经足够。凭借着这份光，我便能把黑夜当作白天。

你看，见过爱的人，终究还是不一样的。

我很喜欢田纳西·威廉姆斯的名剧《欲望号街车》中的那句台词：

我总是依靠陌生人的善意。

前几天在微博上看到一条很暖的接力，一位名叫"我是暗器啊"的网友发了一条微博，字里行间全是轻生之意。

一向是撕逼战场的微博这次却出奇的温暖，这条微博下面有几千条留言，那些素不相识的网友为她留言接力。

"来我请你吃鸭血粉丝小笼包，来我请你撸我的猫，只要你能好好活着，我能做的我一定答应你。"

"我们这里下雪了，你快来我拉着你在冰上玩好不好？我给你烤红薯，我扶着你不会摔的。"

他们甚至为她找到了她喜欢的歌手，他说："你都还没喜欢够我，怎么能随便去死。你快来，我给你唱首歌。"

而一向以竞价排名著称的百度在"手上的动脉在哪里"这一条的搜索中，弹出的第一条是：

不要找了，我们爱你。

人生不如意十之八九，爱为一二。

可正是这些一二，撑着我们熬过那些八九。

时有伤心，时有失落，可次日清晨，便又有了洗把脸重新上路的勇气。

怎敢轻言放弃，怎可轻言放弃。

你啊，你是见过爱的人。